西安交通大学 本科"十二五"规划教材
"985"工程三期重点建设实验系列教材

程序设计基础实验

唐亚哲 朱海萍 胡成臣 编著

U0303819

西安交通大学出版社
XI'AN JIAOTONG UNIVERSITY PRESS

内 容 提 要

　　本书是西安交通大学本科"十二五"规划教材。全书包括实验基础、实验环境和实验内容三个部分。第1章实验基础介绍了实验的基本常识和方法;第2章实验环境介绍了 Visual C++ 6.0 集成开发环境的编译、连接和运行程序的方法,Moodle 系统的使用以及 GCC 编译系统的使用;第3章实验内容给出了 17 个程序的分析和设计,分别包括实验目的、实验描述、实验分析、关键点和参考代码。

　　本书结合课堂内容,循序渐进,以"学生学籍管理"系统为例,逐步引导学生完成一个实用系统的程序编写和调试工作。本书既可作为高校各专业 C 语言程序设计课程的实验指导书,适合高等学校师生使用,又可供编程爱好者和其他自学者参考。

图书在版编目(CIP)数据

程序设计基础实验/唐亚哲,朱海萍,胡成臣编著.
—西安:西安交通大学出版社,2013.9(2018.1重印)
ISBN 978 - 7 - 5605 - 5493 - 8

Ⅰ.①程…　Ⅱ.①唐…　②朱…　③胡…　Ⅲ.①程序设计-高等学校-教材　Ⅳ.①TP311.1

中国版本图书馆 CIP 数据核字(2013)第 184385 号

策　　划	程光旭　成永红　徐忠锋

书　　名	程序设计基础实验
编　　著	唐亚哲　朱海萍　胡成臣
责任编辑	田　华

出版发行　西安交通大学出版社
　　　　　(西安市兴庆南路 10 号　邮政编码 710049)
网　　址　http://www.xjtupress.com
电　　话　(029)82668357　82667874(发行中心)
　　　　　(029)82668315(总编办)
传　　真　(029)82668280
印　　刷　虎彩印艺股份有限公司

开　　本　727mm×960mm　1/16　印张 12.375　字数 193 千字
版次印次　2013 年 9 月第 1 版　2018 年 1 月第 3 次印刷
书　　号　ISBN 978 - 7 - 5605 - 5493 - 8
定　　价　24.00 元

读者购书、书店添货、如发现印装质量问题,请与本社发行中心联系、调换。
订购热线:(029)82665248　(029)82665249
投稿热线:(029)82664954
读者信箱:jdlgy@yahoo.cn

编审委员会

主　任　冯博琴

委　员　（按姓氏笔画排序）

邓建国　何茂刚　张建保　陈雪峰

罗先觉　郑智平　徐忠锋　黄　辰

Proface 序

教育部《关于全面提高高等教育质量的若干意见》（教高〔2012〕4 号）第八条"强化实践育人环节"指出，要制定加强高校实践育人工作的办法。《意见》要求高校分类制订实践教学标准；增加实践教学比重，确保各类专业实践教学必要的学分（学时）；组织编写一批优秀实验教材；重点建设一批国家级实验教学示范中心、国家大学生校外实践教育基地……。这一被我们习惯称之为"质量 30 条"的文件，"实践育人"被专门列了一条，意义深远。

目前，我国正处在努力建设人才资源强国的关键时期，高等学校更需具备战略性眼光，从造就强国之才的长远观点出发，重新审视实验教学的定位。事实上，经精心设计的实验教学更适合承担起培养多学科综合素质人才的重任，为培养复合型创新人才服务。

早在 1995 年，西安交通大学就率先提出创建基础教学实验中心的构想，通过实验中心的建立和完善，将基本知识、基本技能、实验能力训练融为一炉，实现教师资源、设备资源和管理人员一体化管理，突破以课程或专业设置实验室的传统管理模式，向根据学科群组建基础实验和跨学科专业基础实验大平台的模式转变。以此为起点，学校以高素质创新人才培养为核心，相继建成 8 个国家级、6 个省级实验教学示范中心和 16 个校级实验教学中心，形成了重点学科有布局的国家、省、校三级实验教学中心体系。2012 年 7 月，学校从"985 工程"三期重点建设经费中专门划拨经费资助立项系列实验教材，并纳入到"西安交通大学本科'十二五'规划教材"系列，反映了学校对实验教学的重视。从教材的立项到建设，教师们热情相当高，经过近一年的努力，这批教材已见端倪。

我很高兴地看到这次立项教材有几个优点：一是覆盖面较宽，能确实解决实验教学中的一些问题，系列实验教材涉及全校 12 个学院和一批重要的课程；二是质量有保证，90％的教材都是在多年使用的讲义的基础上编写而成的，教材的作者大多是具有丰富教学经验的一线教师，新教材贴近教学实际；三是按西安交大《2010版本科培养方案》编写，紧密结合学校当前教学方案，符合西安交大人才培养规格和学科特色。

最后，我要向这些作者表示感谢，对他们的奉献表示敬意，并期望这些书能受到学生欢迎，同时希望作者不断改版，形成精品，为中国的高等教育做出贡献。

西安交通大学教授

国家级教学名师

2013 年 6 月 1 日

Foreword 前言

　　程序设计基础实验课程(通常都是 C 语言程序设计课程)对于培养学生的程序设计能力具有重要意义。而实验教学在程序设计课程的教学中,又具有举足轻重的作用。学生只有通过大量的程序设计实验练习,才能真正掌握和领悟程序设计的精髓。目前国内外已经出版了非常多的相关教材及其辅助实验教材。大部分程序设计实验教材都是根据教材的内容,同步进行小型的编程实验,以达到巩固和应用课堂知识的效果。

　　但在教学实践中,总有同学问教师:为什么练习编写那么多小程序以后,当真正要写一个应用程序时,却仍然觉得茫然和无处下手呢? 同时,业界很多有经验的程序员在回顾自己学习编程语言的经验时,也强调了系统地编写大程序的必要性。这正是我们计划编写这本程序设计基础实验教材的初衷。本教材的立意是:配合课堂教学内容,围绕一个编程主题,逐步地引导学生编写一个或几个有一定技术含量和代码量的大程序,既达到巩固和应用课堂知识的目标,同时也让学生在较大规模的程序设计开发过程中真正理解程序设计的理念和思想,真正掌握如何编写代码,真正学会使用实用的开发平台,真正完成程序的深度调试。

　　本书包括三章。

　　第 1 章实验基础,介绍了实验准备、实验方法和实验后的处理。

　　第 2 章是实验环境介绍,主要介绍 C 语言程序开发中常见的几种开发环境,包括 VC 系列开发工具和 GCC 开发环境。在介绍开发环境时,不仅详细介绍了开发流程和开发界面的使用,还特别说明了调试的方法和技巧。

　　第 3 章是本书的主体部分,通过 17 个从简单到复杂、从小到大的程序实验,引导学生理解和应用课堂讲授的知识点,完成程序代码的设计、编写和调试。所设计的 17 个实验,结合上课内容,循序渐进。虽然最终目的是开发一个一定规模的程

1

序,但是过程却是分步实现,并且每一步都兼顾了刚学习的知识点。难度虽然是逐渐加大,各个步骤之间却也有内容上的关联。这样的好处是:①可以更好地理解和运用书本上的知识点;②所开发程序涉及的领域知识保持不变,学生可以更加关注其技术实现,这也是程序设计基础实验课程的目标。所选的实验内容一方面考虑到覆盖 C 语言程序设计中的重要的知识点,另一方面也考虑跟实际学籍管理系统的功能需求结合起来。目的是通过这 17 个实验,使学生不仅能掌握 C 语言的语法,而且能够应用 C 语言实现一定规模的应用系统。具体来说,从第一个实验开始,要求学生首先使用简单的数据类型和语句,实现基本的输入输出和数据插入、查询和删除等操作,然后随着数组、函数和指针等内容的深入学习,不断优化数据结构,完善和扩充程序功能,最终在最后一个实验实现一个功能相对较为完善的学籍管理系统。这个系统包括学生基本信息和分数的输入、修改、删除以及排序和文件存储,是前面所有实验的综合和提升。不仅功能多,代码量大,而且系统接近实际应用,有一定的难度。如果学生能独立自主地完成最后一个实验,应该说 C 语言程序设计就算基本掌握了。

本书中的所有实验都是按实验目的、实验描述、实验分析、关键点和参考代码的顺序来展开的,都给出了参考代码。实验目的说明了本实验所要达成的功能目标和教学目标;实验描述说明了实验的具体做法,给出了要求的输入和输出;实验分析对实验进行分析,明确所涉及到的 C 语言的知识点;关键点讨论实验中的关键问题并给出解决方案;参考代码给出了完整的可编译运行的程序代码。所有参考代码都在 Visual C++ 6.0 环境下调试通过。

本教材还可以和 2.2 节介绍的 Moodle 系统结合起来开展实验教学。Moodle是一个免费的开放源代码的课程管理系统,可以帮助教育者建立有效的在线学习社区,在国内外得到了广泛应用。与传统的程序设计实验教学最大的区别在于,使用 Moodle 后学生可以根据教师网上布置的实验题目,随时随地在线完成程序的提交、编译和评分。教师的反馈也会显示在每个学生的作业页面,并且有 E-mail通知。从教学效果来看,学生普遍反映这样做程序,趣味性好,有动力,完成后也很有成就感。相比以前上机实验,学生出勤率不高,或者尽管出勤却不出力的事情有了根本性的改观,甚至有很大一部分同学自己积极寻求上机实验的机会。对教师而言,通过 Moodle 平台不仅可以通过程序的在线编译和运行结果,及时了解学生编程中存在的问题，也可以充分利用 Moodle 提供的问卷、讨论区、互动评价等功能收集学习过程中的反馈信息，以便动态调整编程题目的难度和深度。本书和 Moodle 系统结合开展教学，建议教师在 Moodle 系统中布置上机作业时，修改本书给出的例子，使其既有关联又不一样，学生既可以得到直接的参考，又不能完整照抄，以达到独立编程的目标。附录 1、2、3 分别是 ASCII 码表、Visual C++ 6.0 中常用热键以及 Visual C++ 6.0 常见编译和连接错误信息。

本书可作为高校各专业 C 语言程序设计课程的实验指导书，既适合高等学校师生使用，也可供编程爱好者和其他自学者参考。

本书第 2 章由胡成臣编写，第 3 章前 10 个实验由朱海萍编写，第 1 章和第 3 章后 7 个实验由唐亚哲编写。徐宏喆对全书进行了审阅。

本书难免有谬误和不足之处，请广大读者不吝赐教。

唐亚哲

2013 年 5 月

Contents 目 录

第 1 章　实验基础

1.1　实验准备

1.1.1　为什么实验

对于程序设计类课程来讲,实验是很重要的教学环节,甚至可以说,程序设计类课程的最终目标就是学生能独立编程(相当于编程实验)。因此,是否会做实验,是否能完成实验,是否能高质量地完成实验,是这一类课程评价学生能力的重要指标。

从过程角度来看,课内实验的一个重要作用就是帮助学生理解课堂上的各个知识点。通过具体编程应用,看程序运行效果,甚至单步调试,可以让学生对知识点有更直观、更深刻的认识。

第三个方面,任何课程的学习,兴趣和参与的热情都是学生能否学好的关键。而实验对于激发学生的兴趣和热情有很大的帮助。学生通过课堂学习,初步掌握了各种概念和原理,通过实验策划、设计、编码和调试,可以验证自己的想法是否正确,从某种程度上说是自我实现的一个过程。学生可以体会到千辛万苦之后成功的喜悦,而这种喜悦正是兴趣的重要来源。

1.1.2　实验前的准备

要做好编程实验,实验前的准备工作必不可少。具体来说,实验前需要做的准备工作有如下三方面。

①针对实验题目,画出重要的流程图或者 NS 图,或者写出伪代码。虽然实验最终是要在计算机前完成的,但是有经验的程序员从来不轻视纸头工作的价值。因为冷静的、不受干扰的纸头设计甚至编码,可以产生高质量的流程和代码,可以大大减轻面对显示器的压力,提高效率。

②根据实验任务,做好周密的实验计划。所谓计划,就是一步一步做什么的安

排。只有计划周密详细,上机时才会有条不紊,逐步推进。

③带上必要的手册等参考资料。尤其是函数手册,以备随时查阅。

上机实验最忌讳的就是不加准备,空手去机房。总想着在计算机前面边想边写代码的想法是错误的。

1.2　如何实验

1.2.1　实验方法

稍微大一点的程序实验,最好采取逐步推进的方法。即把任务分解一下,从简到难,从小到大一步一步推进。这样做的好处是:①容易保持良好的实验状态。逐渐进步,逐步完成,这样干劲会越来越大。②逐步推进的增量式开发,每一步都是在上一步成功的基础上进行,即使出错了,也很容易回到上一步成功的地方重新开始。因此,实验时,也需要注意随时备份每一个局部成功的程序代码。

1.2.2　源代码排版

源代码的排版是一个非常重要的问题。及时进行排版,一来可以使代码看起来比较清晰美观,更重要的是使很多编译错误很容易辨别,比如缺少大括号、小括号等常见错误。Visual C++ 6.0下面,可以使用 Ctrl+A 选择全部代码,再使用 ALT+F8 的方式来对代码进行排版。不过 Visual C++ 下的排版需要注意输入代码时,左右大括号都要单独占一行,否则排版会不完全。Code::Blocks 下可以使用右键弹出菜单,点击 Format use A Style 来完成排版。

1.2.3　注意编译器的提示

初上机实验时,很常见的一个问题是很多人不会看编译器提示。很多情况下,编译器其实给出了非常准确和详细的错误提示,程序员只需要阅读编译器的提示并依照提示修改代码就行了,大多数编译错误,都可以通过这个方法来解决。

1.2.4　调试

调试就是分解程序的执行,使程序员能够逐步分析程序的执行情况的环节。

常见的 C 语言编程环境都提供了很好的调试手段,比如设置断点、单步执行、查看变量的当前值等。调试能力的高低是衡量程序员水平的重要标志。

强烈建议初学 C 语言程序设计的同学从刚开始就有意识地培养自己的调试能力。可以从简单的方法入手,比如如何设置断点,如何查看变量的值和如何单步运行等等。只要掌握了上述三点,就可以进行简单的调试了。在 main 函数中的第一条语句处设置断点,用调试方式运行程序,到断点处停下来后,查看所有相关的变量的值。然后使用单步运行方式来一步一步运行程序,每步运行结束就查看相关变量的值。通常情况下,只要是程序员自己写的程序,并且对自己设计的程序的基本流程熟悉,通过这种"笨"的调试方法一定可以找到运行错误。等熟悉了更多的调试方法和技巧,就可以进行更加高效的调试了。比如设置多个断点,从函数中跳出等。

一般程序基本上由三段组成:输入、处理和输出。因此,调试一般也可以从这三段入手,可以在输入完成后设置一个断点,在处理完成后设置一个断点。第一个断点处,可以查看输入情况,看看输入数据是否有错;第二个断点处,可以查看处理完成后的数据,是否是正确的数据。如果第一个断点处输入数据不对,则可以断定是输入出了问题;如果第一个断点处正确,而第二个断点处出错,则可以断定是处理部分出错;如果第一个断点处和第二个断点处都正确,则可以断定是输出部分出错(既然调试,肯定是因为程序逻辑不正确,输出不是预想的输出)。

调试时,如果输入较多(比如第 3 章中三个或者更多学生信息的输入),可以考虑在记事本中先进行输入,然后程序运行时,直接从记事本拷贝输入到控制台(console)窗口,这样可以节省大量的输入时间。

1.2.5 寻求帮助的方法

一般情况下,只要实验前准备充分,实验时思路清晰,并会使用调试手段,实验任务都可以比较顺利地完成。不过确实也有出现问题后百思不得其解的情况,这时要冷静一下,寻求帮助。有如下几种方法可以考虑:①重新回到案头,仔细审视程序的各种逻辑,希望能恍然大悟,发现问题;②一段程序左思右想都看不出问题来,可以考虑换一种实现方法实现同样的功能;③使用各种搜索引擎来搜索解决问题的方法。一般初学者碰到的问题,很可能别人也碰到过。因此,网络上很可能有对该问题的讨论;④询问上机辅导教师。

1.3 完成实验后

完成实验后,无论成功与否,都需要把自己的源代码备份好,以备下次继续开发。同时,认真回顾一下自己本次实验的得与失,哪些方面做得好,哪些方面浪费了时间。需要的话,写一下实验总结报告。

第 2 章　实验环境

2.1　Visual C++ 6.0 集成开发环境

Visual C++ 6.0 是微软推出的一个功能强大的可视化 IDE(集成开发环境)。它不仅提供了软件代码自动生成和可视化的资源编辑功能,而且还提供了功能强大的向导工具。Visual C++6.0 由许多组件组成,包括编辑器、调试器以及程序向导 AppWizard、类向导 Class Wizard 等开发工具。Visual C++ 还提供了"语法高亮"功能、自动编译功能以及高级排错功能。它允许用户进行远程调试、单步执行等。用户也可以在调试期间重新编译被修改的代码,而不必重新启动正在调试的程序。

2.1.1　安装 Visual C++ 6.0

Visual C++ 6.0 是在 Windows 环境中工作的。为了使用 Visual C++ 6.0 必须首先安装 Visual C++ 6.0 系统。在安装完成之后,最好在桌面上创建一个 Visual C++ 6.0 的快捷方式,以方便使用。

如图 2-1 所示为 Visual C++ 6.0 的集成环境显示,图示为中文的界面显示,英文版显示的时候界面的提示、工具栏等都会变成英文。

在 Visual C++ 主窗口的顶部是 Visual C++ 的主菜单栏。其中包括 9 个菜单项:文件(File)、编辑(Edit)、查看(View)、插入(Insert)、工程(Project)、组建(Build)、工具(Tools)、窗口(Windows)、帮助(Help)。

在主菜单的左侧是项目工作区窗口,右侧是程序的编辑窗口。工作区窗口用来显示所设定的工作区信息,编辑窗口用来输入和编辑源程序。

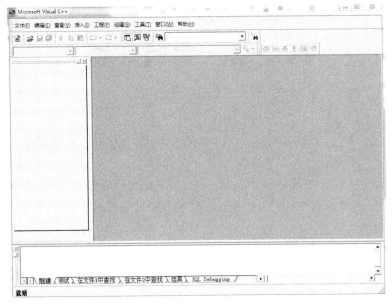

图 2-1　Visual C++ 6.0集成环境

2.1.2　安装 MSDN Library

首先下载 MSDN 的安装文件,可以去下载普通的安装包或者是.iso 文件。然后可以按照一般的软件进行安装。iso 文件要进入虚拟光驱进行安装。安装过程中选择"添加/删除(A)…"选项,如图 2-2 所示。

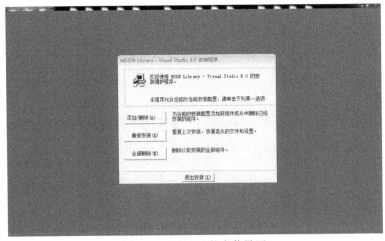

图 2-2　MSDN 的安装界面

在下一步"选项"当中,可以选择你所需要安装的一些文档和显示的安装位置,然后选择"继续",如图 2-3 所示。

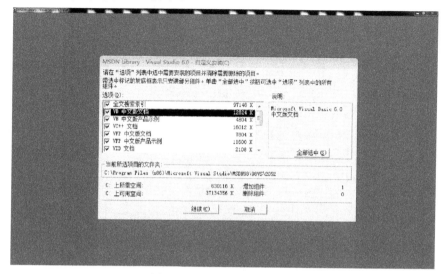

图 2-3　MSDN 自定义安装

然后系统进行 MSDN 的安装,最后安装完成,如图 2-4 所示。

图 2-4　MSDN 安装完成

在使用中,可以直接按 F1 对 MSDN 进行使用,如图 2-5 所示。

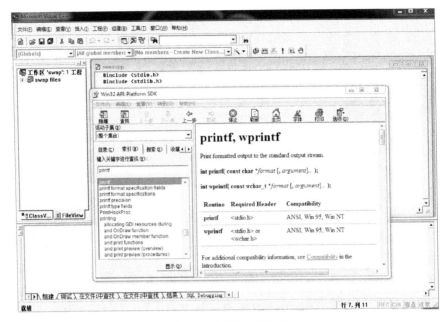

图 2-5　MSDN 的使用

2.1.3　创建 Visual C++ 6.0 工程,编辑源程序,然后编译、连接、执行

(1)新建一个源程序。在 Visual C++主窗口的主菜单栏中选择文件(File),然后选择新建(New),如图 2-6 所示,选择"Win32 Console Application",再在"工程名称"中输入想要建立的工程名,点击"确定",如图 2-7 所示,然后选择"一个简单的程序",点击"完成"。

(2)编写第一个"Hello World!"程序,创建完工程后的 Visual C++ 6.0 如图 2-8 所示。

依上新建一个工程,在源程序中输入"printf("Hello World! \n");",在编辑和保存了源文件后,若需要则对该源文件进行编译。单击主菜单中的组建(Build),在其下拉菜单中选择编译(Complie)项,如图 2-9 所示。也可以不用选择菜单的方法,而用 Ctrl+F7 来完成编译。如果编译程序无误,则生成目标文件.obj。如果有误,则会指出错误的位置和性质,提示用户改正错误。

在得到目标程序后,不能直接运行,还需要把程序和系统提供的资源建立连接。此时选择组建(Build)→ 组建[test1.exe],如图 2-10 所示。执行连接后,调试输出窗口中将显示连接时的信息,如果没有发生错误,生成一个可执行文件test1.exe。当然也可以选择菜单 Build(或者直接按 F7 键)一次完成编译连接。

图 2-6 创建 Visual C++工程（1）选择工程类型

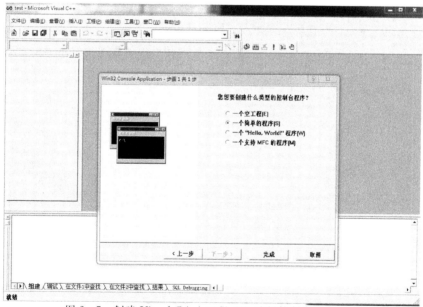

图 2-7 创建 Visual C++工程（2）选择控制台程序类型

　　在得到可执行文件 test1.exe 之后，就可以直接执行了。选择组建→执行 [test1.exe]，可以看到，在图中输出了结果"Hello World!"，如图 2-11 所示。

图 2-8　第一个工程文件

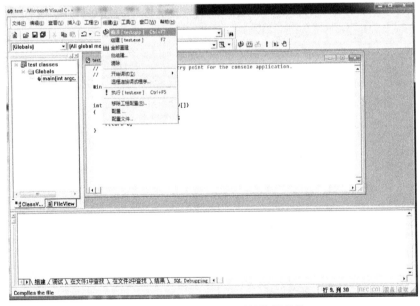

图 2-9　Visual C++下的编译菜单

(3)编写一个"swap"程序,整个创建工程的过程如图 2-6 和图 2-7 所示,在
创建完工程后,就可以编写自己的代码了,如图 2-12 所示。引入工程的头文件

图 2-10　Visual C++下组建程序菜单

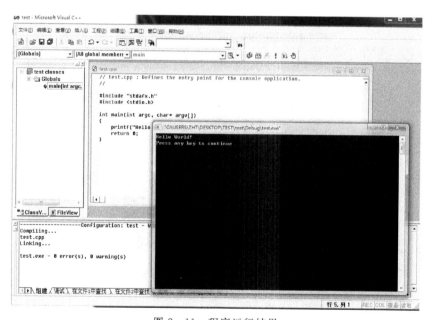

图 2-11　程序运行结果

"<stdio.h>",再按上面的步骤对整个程序进行编译、连接最后运行,结果如图2-13所示。

图 2-12　在工程中填写代码

图 2-13　程序运行结果

2.1.4　Visual C++ 6.0 程序的调试

调试是一个程序员最基本的技能。在 Visual C++ 6.0 环境下一般可以采用设置断点进行调试。断点是调试器设置的一个代码位置。当程序运行到断点的时候,程序中断执行,回到调试器。调试时,只有设置了断点并使程序回到调试器,才能对程序进行调试。

首先可以在程序中设置断点,设置断点的方法是把光标移动到某一行,然后点击鼠标右键 Insert/Remove Breakpoint,便可以在此行设置一个断点。当程序运行时,若遇到设置的断点,则会在断点所在的代码行暂停下来。其功能是使开发者在特定的行查看程序运行的状态(变量值、逻辑关系等)是否符合开发者的预期要求,从而找出逻辑错误所在。

如何选择在哪一行程序设置断点,这需要开发者的经验和对程序逻辑错误表象的理解,一般设置断点的位置在可能存在逻辑错误代码的前几行。设置好断点之后,可以按 F5 进入调试运行,如图 2-14 所示。

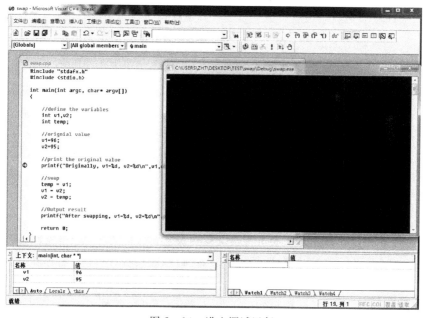

图 2-14　进入调试运行

此时,按 F10 可进行逐行执行。按 F11,则当遇到函数时,进入函数的内部执行。监视窗口可对开发者所关注的变量或表达式的值进行监视。需要监视某一变量,可在监视窗口空白处双击,如图 2-15 所示,然后输入某一变量名即可。单步跳出是指程序执行当前所在函数的所有代码后,返回至调用该函数的代码中,快捷键为 Shift+F11。该功能与单步进入配合使用。

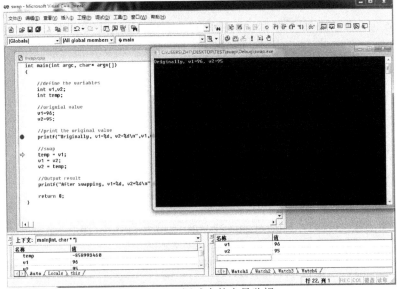

图 2-15　调试中的变量监视

2.1.5　Visual Studio 系列开发环境介绍

以下以 Visual Studio 2008 为例,说明 Visual Studio 系列开发环境的使用。Visual Studio 2008 相对于 Visual C++ 6.0 增加了许多新的特性,包括增加关系型数据、XML 访问方式、整合对象等等。所以 Visual Studio 2008 可以更高效的开发 Windows 的应用程序。同时 Visual Studio 2008 还支持项目模板、调试器和部署程序等。Visual Studio 2008 可以高效开发 Web 应用。整个 Visual Studio 2008 的工程创建过程和 Visual C++ 6.0 的过程非常相似,首先点击文件→新建→项目,如图 2-16 所示。

选择 Visual C++,然后选择 Win32 控制台应用程序,输入名称和所要创建工程的位置,如图 2-17 所示。

与前面介绍的 Visual C++ 6.0 类似,最后可以在工程下对所建的工程进行编码、编译、连接和运行。编译运行程序也可以使用快捷键 Ctrl+F5。比如简单的"Hello World!"程序如图 2-18 所示。

Visual Studio 2008 的调试和 Visual C++ 6.0 也比较相似,基本的调试过程

图 2-16　在 Visual Studio 2008 下创建工程（1）

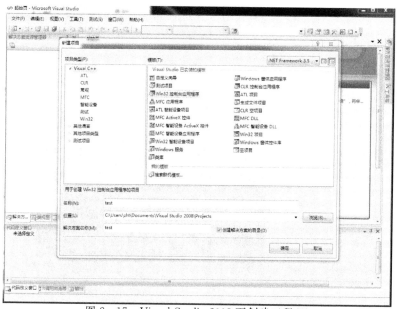

图 2-17　Visual Studio 2008 下创建工程（2）

都是点击鼠标设置断点，通过设置断点，点击 Visual Studio 的按钮"启动调试"，运行到断点位置。然后可以打开调试窗口下面的输出、断点和计时窗口，查看变量和

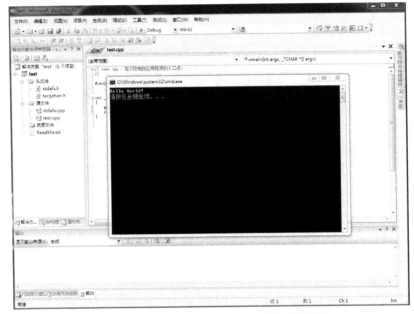

图 2-18　Visual Studio 2008 下编译运行程序

对象信息。同时也可以在即时窗口书写表达式和执行语句。显示的位置和调试窗口如图 2-19 中标示。

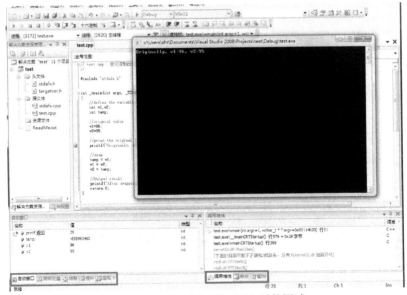

图 2-19　Visual Studio 2008 下的调试

2.2　Moodle 系统介绍

2.2.1　Moodle 系统简介

　　Moodle 系统是一套开源的在线作业提交和公告系统,可以用来布置作业习题,并使用 GCC 编译系统(2.3 节会有介绍)对提交的作业进行测试并输出结果。在 Moodle 中,分配有教师角色和学生角色,教师角色负责布置作业,学生角色负责提交作业,并可根据作业质量进行自动评分。

2.2.2　Moodle 系统使用

　　1. Moodle 登录

　　Moodle 提供统一的登录界面。如果教师在开设一门课程时,设置该门课程为允许用户以访客身份浏览,则用户无需登录,直接进入课程页面,但能访问的教学资源受限。一般情况下,由教师根据学生学号、姓名等批量创建学生账号和初始密码,学生即可实现登录。登录界面如图 2-20 所示。

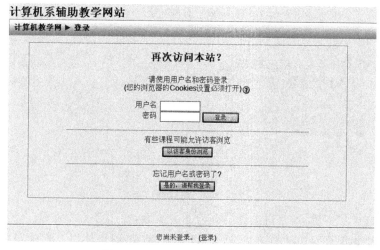

图 2-20　Moodle 系统登录主界面

初次登录后,系统会提示用户修改密码。Moodle 下的密码设置要求最少 8 个字符,其中包含 1 个数字、1 个大写字母、1 个小写字母和 1 个非字母数字字符。为了避免遗忘密码,建议同学们在初次修改密码后牢记。

2.课程选择

下面以用户名"zhangyun"登录,选择"程序设计基础"课程为例,介绍 Moodle 中选课和作业提交等基本步骤。首先,登录系统后进入课程主页面,如图 2-21 所示。点击某门课程后,即可选择是否成为该课程的一员,如图 2-22 所示。

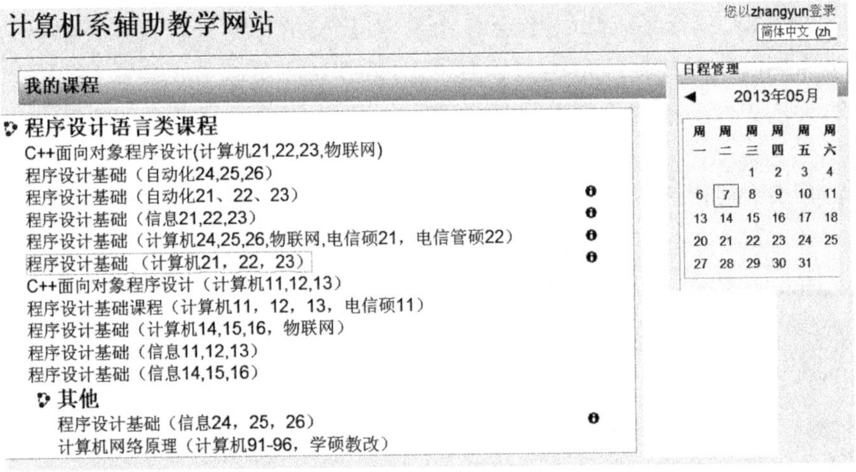

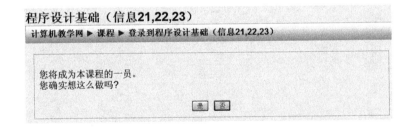

图 2-21　课程列表

图 2-22　选课确认

用户选择"是"后,即可进入该门课程的主页面,如图 2-23 所示。

基本的课程页面包括通讯录、活动、课程管理、每周概要以及教师布置的作业等模块。

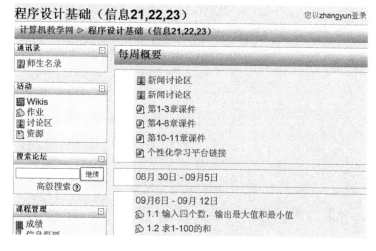

图 2-23　课程页面

3. 作业浏览和提交

作为学生角色,进入所在班级后,只要选择相应作业,并提交源文件即可完成作业的提交。Moodle 下常见的两种作业类型是"在线评测"或"提交单个文件",因此既允许用户提交 .doc/.pdf/.txt 等文件,也允许提交 .c 或 .cpp 类型的程序源码。系统会调用 GCC 在线编译,给出执行结果。常见的执行结果如下:

Accepted:程序执行通过;

错误答案:程序编译通过,但是答案错误;

编译错误:程序编译没有通过;

格式错误:多写或少写了空格或者回车之类的分隔符,简单的调试即可通过;

多种状态:程序对于多个测试用例有着不同的结果,可能是没有注意各种边界条件。

对于非正确状态,修改后再次提交,直至 Accepted 即可。

此处上传一个编写好的源程序代码上传过程如图 2-24 所示,得到执行结果如图 2-25 所示。状态一栏的"Accepted"显示程序执行。除此之外,也给出了程序的运行结果和老师的评分反馈。对于出错的程序,学生可以根据提示信息,进行代码的修改后重新提交源程序。

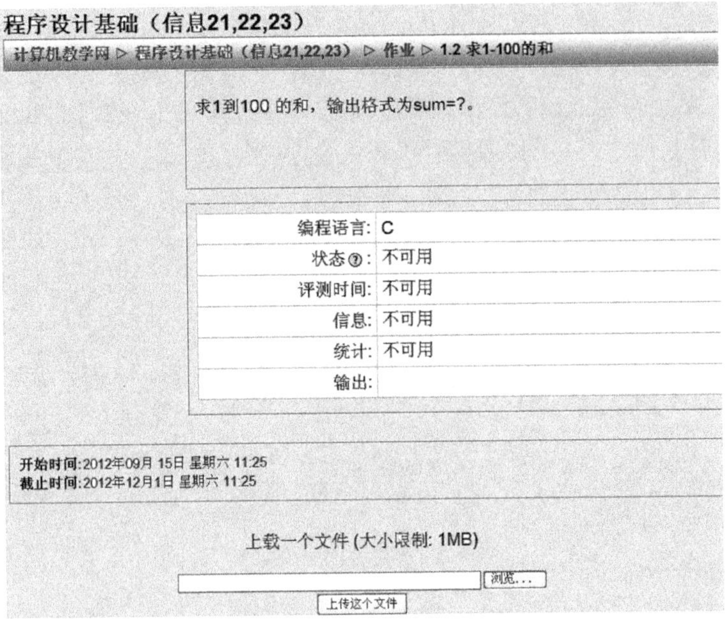

程序设计基础（信息21,22,23）

计算机教学网 ▷ 程序设计基础（信息21,22,23） ▷ 作业 ▷ 1.2 求1-100的和

求1到100 的和，输出格式为sum=?。

编程语言:	C
状态⑦:	不可用
评测时间:	不可用
信息:	不可用
统计:	不可用
输出:	

开始时间:2012年09月 15日 星期六 11:25
截止时间:2012年12月1日 星期六 11:25

上载一个文件 (大小限制: 1MB)

浏览...
上传这个文件

图 2-24　作业的提交

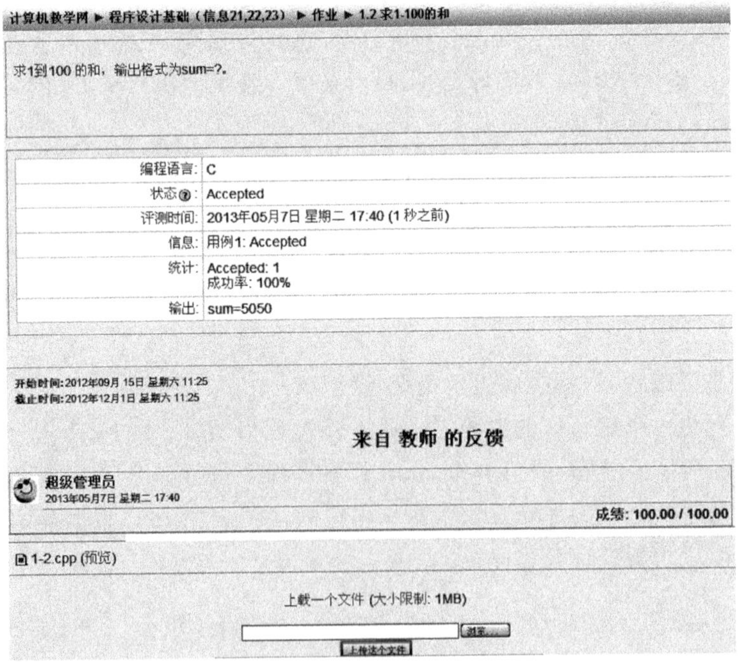

计算机教学网 ▶ 程序设计基础（信息21,22,23） ▶ 作业 ▶ 1.2求1-100的和

求1到100 的和，输出格式为sum=?。

编程语言:	C
状态⑦:	Accepted
评测时间:	2013年05月7日 星期二 17:40 (1 秒之前)
信息:	用例1: Accepted
统计:	Accepted: 1 成功率: 100%
输出:	sum=5050

开始时间:2012年09月 15日 星期六 11:25
截止时间:2012年12月1日 星期六 11:25

来自 教师 的反馈

超级管理员
2013年05月7日 星期二 17:40

成绩: 100.00 / 100.00

📄1-2.cpp (预览)

上载一个文件 (大小限制: 1MB)

浏览...
上传这个文件

图 2-25　程序执行结果

学生提交成功作业后,亦可通过主页面的"作业"一栏查看所有作业的完成情况和得分,如图 2 - 26 所示。

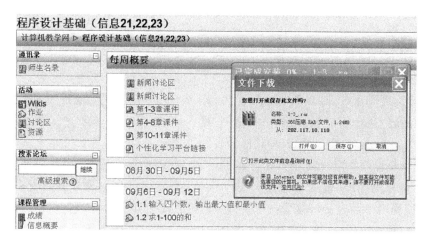

程序设计基础(信息21,22,23)

计算机教学网 ▷ 程序设计基础(信息21,22,23) ▷ 作业

教学周	名称	作业类型	截止时间	已交	成绩
2	1.1 输入四个数,输出最大值和最小值	在线评测	2012年09月 20日 星期四 09:25		-
	1.2 求1-100的和	在线评测	2012年12月1日 星期六 11:25	2013年05月7日 星期二 17:40	100.00
3	2.1 编程计算 1+2+4+8+16+...+128的值	在线评测	2012年12月1日 星期六 15:15		-
5	3.1 编写程序,实现学籍管理系统的初始界面	在线评测	2012年12月1日 星期六 10:40		-
	3.2 按照用户选择的功能,输出相应的提示	在线评测	2012年12月1日 星期六 10:40		-
	3.3 用户输入学生的学号和成绩,按顺序依次输出	在线评测	2012年12月1日 星期六 10:45		-
	3.4 按照三门课程总成绩从大到小排序输出对应的学生信息	在线评测	2012年12月1日 星期六 11:10		-

图 2 - 26　作业查看

4. 课件下载

除了基本的作业提交和执行外,Moodle 还提供课件下载和新闻讨论区等功能,方便用户开展网络学习和交流。课件下载如图 2 - 27 所示。

图 2 - 27　课件下载

讨论区具有教师发布通知、学生回帖、查看等功能,如图 2 - 28 所示。

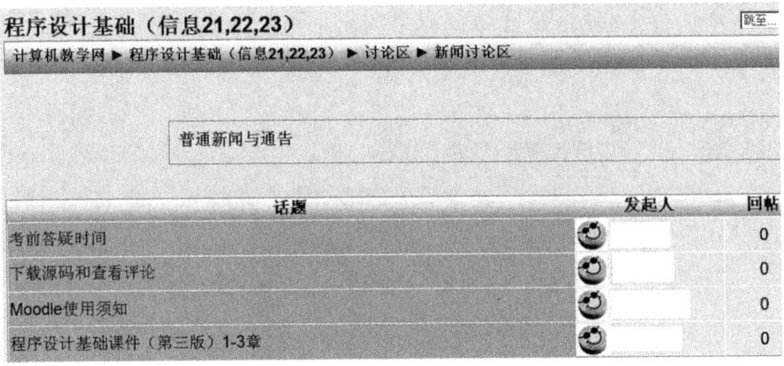

图 2-28 讨论区

2.3 GCC 编译系统

2.3.1 GCC 编译系统简介

GCC(GNU Compiler Collection,GNU 编译器套装),是一套由 GNU 开发的编程语言编译器。它是一套 GNU 编译器套装以 GPL 及 LGPL 许可证所发行的自由软件,是 GNU 计划的关键部分,也是自由的类 Unix 及苹果电脑 Mac OS X 操作系统的标准编译器。

GCC 原名为 GNU C 语言编译器(GNU C Compiler),因为它原本只能处理 C 语言。随着 GCC 的扩展,很快就可处理 C++,之后也可处理 Fortran、Pascal、Objective-C、Java,以及 Ada 与其他语言。

这里要说明一下标准和实现的区别。我们在课本上学习 C 语言,实际上是学习了 C 语言的标准,包括了语法和类库接口,如每行语句由分号分隔就是语法,printf 接受的参数表接口就是类库接口。但是各个公司或者组织提供的编译器的具体实现是不同的,也就是实现同样的语法和接口的内部逻辑可能是有区别的。即使在大家都遵循标准的前提下,各个编译器的行为也可能有多样的差别,更何况各个编译器对标准的支持也并不完全一致。

事实上,由于类 Unix 系统在服务器开发端的广泛流行,以及 GNU 计划本身对于标准兼容性的大力支持,GCC 已经成为事实上的跨平台编译器的标准。也就是说,GCC 的编译器行为,是比较接近实际标准的行为,在以后的学习中,建议大家多使用 GCC 编译器,建立良好的编程习惯,加深对编译器行为的理解。较新版本的 Visual Studio（2008 以及之后的版本）对标准的支持也有很大的改进，同样可以选用。

2.3.2 GCC 编译系统的安装

GCC 编译系统是在类 Unix 系统（包括 Unix，Linux，Mac OS 等）上的标准编译器，在上述系统的各种发行版本中一般都自带了较新版本的 GCC 编译系统。Windows 下也可以使用 GCC 编译系统，但是这要借助 Cygwin 或者 MinGW 平台来模拟 Linux 下的环境，有兴趣的同学可以自行了解。

在命令行下可以使用 gcc -- version 命令来查看 gcc 的版本，如图 2 - 29 所示。

```
toney@T420-Debian: ~/temp_src
toney@T420-Debian: ~/temp_src 80x24
toney@T420-Debian:~/temp_src$ gcc --version
gcc (Debian 4.7.1-7) 4.7.1
Copyright (C) 2012 Free Software Foundation, Inc.
This is free software; see the source for copying conditions.  There is NO
warranty; not even for MERCHANTABILITY or FITNESS FOR A PARTICULAR PURPOSE.

toney@T420-Debian:~/temp_src$
```

图 2 - 29　查看 gcc 版本号

2.3.3　在 GCC 编译系统下编译程序

GCC 编译系统是一个单纯的编译器软件，并不包含图形界面，所以所有的 GCC 编译行为都要在命令行下录入并执行。GCC 编译系统的执行顺序是先把源文件编译成为目标文件，然后将一个或多个目标文件连接成为可执行文件。这是所有编译器的默认行为，在 Visual Studio 等集成编译环境中也是如此，只不过这些带有图形界面的编译环境往往将这些行为隐藏了起来。

假设我们现在已经使用任意一个我们熟悉的编辑器，写好了一个简单程序，如图 2 - 30 所示。

现在回到装有 GCC 的编译系统的命令行中，将当前目录切换到源文件所在的目录，敲入

```
test1.cpp
#include "stdio.h"

int main(int argc, char* argv[])
{
    printf("Hello World!\n");
    return 0;
}
```

图 2 - 30　一个简单程序

如图 2-31 所示的命令。

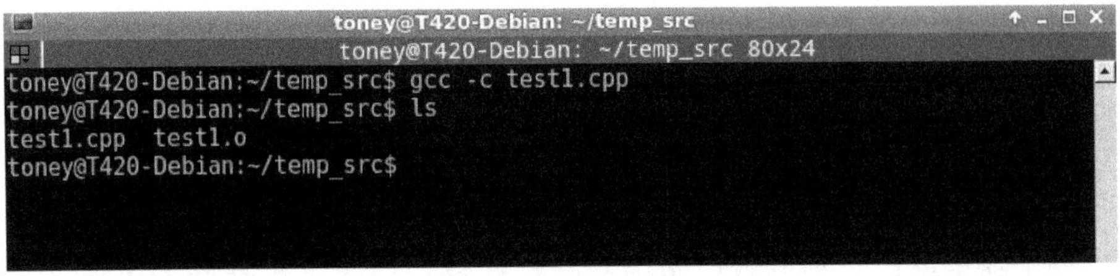

图 2-31　GCC 编译源程序

　　这一行命令的作用是，使用 GCC 编译器，对 test1.cpp 源文件进行编译，编译后，会生成后缀名为.o 的目标文件，注意 GCC 后要加入-c 的参数，这表明这一步我们只进行编译，不进行连接。我们通过查看当前目录的命令可以看到，目录下生成了 test1.o 的目标文件。下一步，需要把这个目标文件连接成可执行文件。

　　现在直接输入 GCC 目标文件，回车后查看当前目录，会发现一个名为 a.out 的可执行文件，这就是我们对整个源程序进行编译连接后的结果，如图 2-32 所示，现在执行这个文件看看结果。

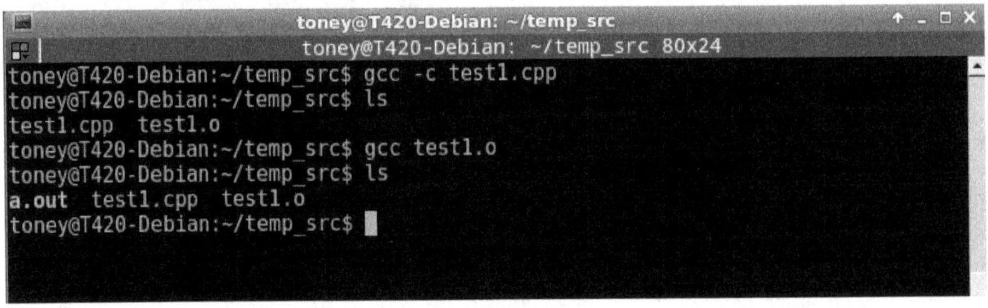

图 2-32　GCC 连接目标文件

　　./a.out 的意义是执行当前目录下的 a.out 文件，前面的./是不能缺少的，否则类 Unix 操作系统会去系统默认的可执行目录下寻找 a.out 文件，找不到的时候会报错说无法找到当前命令，请同学们注意。

　　现在我们可以看到我们期望的执行结果已经显示在了屏幕上，如图 2-33 所示。这就是 GCC 编译系统的简单编译过程。

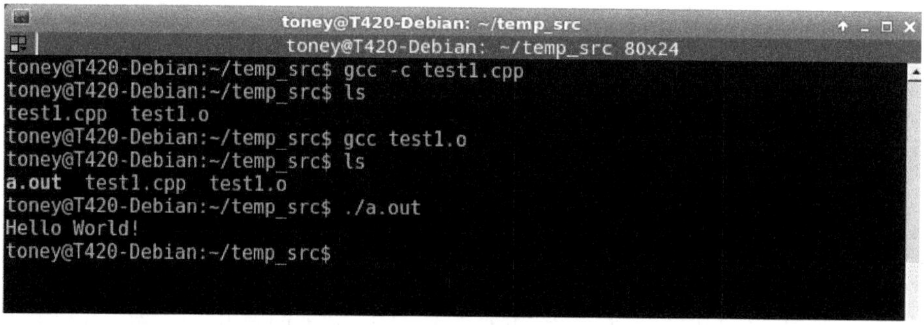

图 2-33　编译好的文件的执行

2.3.4　使用参数来控制 GCC 编译系统

我们已经看过了简单的 GCC 编译系统的行为,并且了解了一个简单的参数 -c,这个参数的作用是告诉编译器这一步仅进行编译,并不进行连接。实际上,有更多的参数选择可以控制 GCC 编译系统的行为,让其按照我们想要的方式进行工作,如图 2-34 所示。

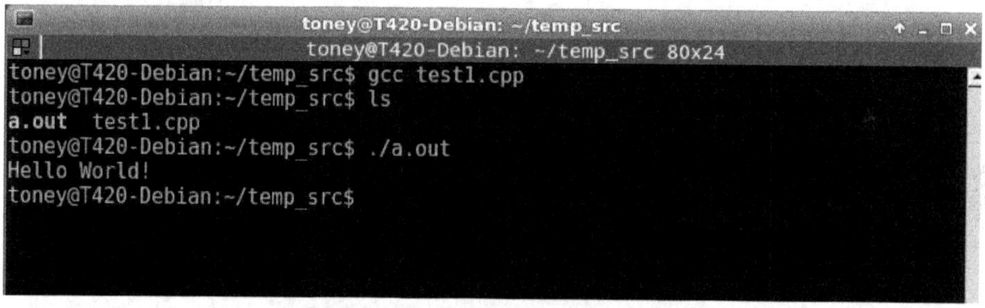

图 2-34　直接编译连接形成可执行文件

不加 -c 参数,直接对源文件进行编译和连接,则编译器会把编译和连接两步合并成为一步,直接生成 a.out 文件,执行后可以看到结果。需要注意的是,这种方式在源文件数较少的时候比较方便,省去了多次输入命令的时间,但是在源文件数目较多的时候,即使你只改动了一个文件,这种方式依然会重新编译每一个源文件再重新连接,造成了时间的浪费。

其他常见的编译器控制参数还有 -o,用来指明可执行文件生成后的名字。默认的名字是 a.out,我们可以通过 -o 参数来指明我们自己想要的名字。GCC 编译系统中,-o 选项的使用如图 2-35 所示。

图 2-35　GCC 编译系统中的-o 选项的使用

－g 参数可以用来表明开启调试模式,这样生成的可执行文件可以用 GDB
(GNU 调试器)进行调试,我们会在后面的章节介绍 GDB。

－W 和－0 参数(注意大小写)分别用来指定警告的等级和程序优化的等级,如
－Wall 表明将所有警告都输出到屏幕上,－00 表明不做任何优化,－02 表明做 2 级
优化等等。

图 2-36　GCC 编译系统中的 help 消息

GCC 编译系统支持非常多的参数来对行为进行控制,有兴趣的同学可以在命令行下输入 gcc -help 来获得信息,得到的内容大致如图 2-36 所示。

需要说明,虽然看起来 GCC 的参数很繁琐,但是首先这种灵活的参数设置向用户提供了非常多的编译方式,这对于大型程序来说是非常重要的。其次,实际上几乎所有编译器都提供了类似的参数设置方式,即使在 Visual Studio 这种高度可视化的编译环境中,也可以找到很多地方需要用这些参数来进行控制。

熟练掌握常用的编译器参数是高速准确的进行代码编写和调试的基本要求。

2.3.5 使用 GDB 调试器进行调试

对于一个编写好的程序,我们要对其不正确的行为进行调试,GCC 提供了一个非常强大的调试器工具 GDB(GNU Debugger),下面我们简单对 GDB 调试器进行介绍。

假设我们有这样一个程序,其目的是将两个整型数进行互换,实例如图 2-37 所示。

```cpp
Swap.cpp

1  #include "stdio.h"
2
3  int main(int argc, char* argv[])
4  {
5      //define the variables
6      int v1, v2;
7      int temp;
8
9      //original value
10     v1 = 96;
11     v2 = 95;
12
13     //print the original value
14     printf("Orginally, v1=%d, v2=%d\n", v1, v2);
15
16     //swap
17     temp = v1;
18     v1 = v2;
19     v2 = temp;
20
21     //Output result
22     printf("After swapping, v1=%d, v2=%d\n", v1, v2);
23
24     return 0;
25 }
```

图 2-37　GDB 调试实例

在正常情况下,该程序的编译执行结果应该如图 2-38 所示。

图 2-38　正常的编译执行结果

如果我们将程序误写成如图 2-39 所示的情况。那么在编译运行后,就会出现如图 2-40 所示的输出,这个输出显然是错误的。(同学们能直接从代码里看出错误吗? 如果不能,我们就通过 GDB 来一步步获得调试的结果)

图 2-39　错误的程序代码

首先,要使用-g 参数对程序重新进行编译连接,这个过程中 GCC 会在程序中加入很多调试标志,来方便 GDB 进行调试。之后,使用 gdb 执行文件名 的方式来进入 gdb 调试环境,如图 2-41 所示。

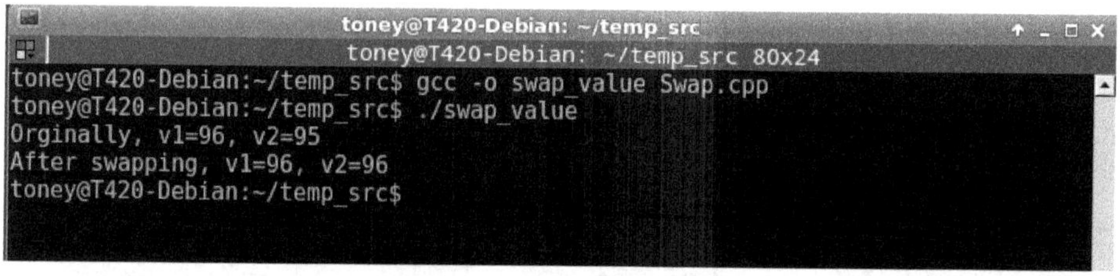

图 2-40　错误的运行输出

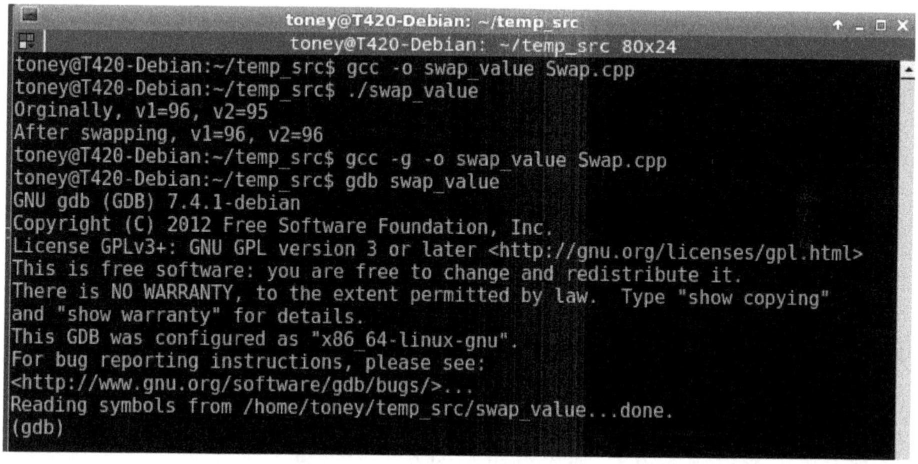

图 2-41　进入 GDB 调试环境

（gdb）是当前的 gdb 提示符，表明现在已经进入了 gdb 的调试环境，并对 swap
_value 这个程序进行调试。GDB 的命令也非常多，同样支持非常多的参数来控
制，我们现在介绍几个常用的命令。

run（或者 r）——执行整个程序，直到遇到断点或程序跑出异常。

break（或者 b）——在程序中添加断点，添加的方式是 break Swap.cpp:20，
代表在 Swap.cpp 的第 20 行添加一个断点。

continue（或者 c）——使程序继续执行，直到遇到断点或程序跑出异常。

step（或者 s）——使程序向前执行一行。

watch（或者 w）——在程序中监视某一个变量，当这个变量被修改的时候，整
个程序停止。如 watch v1，则 v1 的值在被修改的时候程序会停止运行。

print（或者 p）——打印当前环境下的某一个变量的值，如 print v2，则在当前
情况下的 v2 的值将被打印。

list（或者 l）——列出当前环境下正在执行的代码。

下面我们通过使用这些命令，来对 Swap.cpp 文件进行调试。首先，我们执行将两个整型数互换的整个程序，如图 2 - 42 所示。

```
(gdb) run
Starting program: /home/toney/temp_src/swap_value
Orginally, v1=96, v2=95
After swapping, v1=96, v2=96
[Inferior 1 (process 2537) exited normally]
(gdb)
```

图 2 - 42　GDB 下全速运行程序

可以看到和普通执行时一样的结果，v1 的值不正确。下面我们在程序的第 12 行和第 20 行分别加入两个断点，如图 2 - 43 所示，看看在执行交换前和交换后 v1 和 v2 的值的变化。

```
(gdb) break Swap.cpp:12
Breakpoint 1 at 0x400529: file Swap.cpp, line 12.
(gdb) break Swap.cpp:20
Breakpoint 2 at 0x40054c: file Swap.cpp, line 20.
(gdb)
```

图 2 - 43　加入断点

现在再次执行整个程序，执行结果如图 2 - 44 所示。

```
(gdb) run
Starting program: /home/toney/temp_src/swap_value

Breakpoint 1, main (argc=1, argv=0x7fffffffe418) at Swap.cpp:14
14          printf("Orginally, v1=%d, v2=%d\n", v1, v2);
(gdb)
```

图 2 - 44　程序在断点停下

可以看到程序在第 14 行停住了，因为第 12 行和第 13 行是空行和注释行，也就是当前程序将要执行第 14 行，这时候我们可以使用 print 命令来查看 v1 和 v2 的值。运行结果如图 2 - 45 所示。

可以看到这时 v1 和 v2 的值是赋给的初始值。下面我们可以使用 continue 命令使程

```
(gdb) print v1
$1 = 96
(gdb) print v2
$2 = 95
(gdb)
```

图 2 - 45　GDB 下查看变量的值

序继续执行,执行结果如图 2-46 所示。

```
(gdb) continue
Continuing.
Orginally, v1=96, v2=95

Breakpoint 2, main (argc=1, argv=0x7fffffffe418) at Swap.cpp:22
22          printf("After swapping, v1=%d, v2=%d\n", v1, v2);
```

图 2-46　继续执行程序断点二生效

此时程序在第二个断点处停住了,将要执行
第 22 行,再次使用 print 来检查 v1 和 v2 的值,结
果如图 2-47 所示。

可以看到此时 v1 的值并非我们想要的结果,
说明在第 12 行到第 20 行之间的交换过程中出现
了错误。下面我们使用 step 命令来单步调试,配
合 print 命令来找到出错的具体代码。

```
(gdb) print v1
$3 = 96
(gdb) print v2
$4 = 96
(gdb)
```

图 2-47　继续查看变量

首先重新运行程序,使程序停止在第一个断点处。然后使用 step 命令和 print
命令,查看每一行可能对 v1 进行改变的代码执行前后 v1 的值的变化情况。

如图 2-48 所示,我们经过单步调试,发现第 18 行没有被执行,而 v1 的值也
一直没有改变,为什么呢? 我们使用 list 命令查看第 18 行代码。

```
(gdb) break Swap.cpp:12
Breakpoint 1 at 0x400529: file Swap.cpp, line 12.
(gdb) run
Starting program: /home/toney/temp_src/swap_value

Breakpoint 1, main (argc=1, argv=0x7fffffffe418) at Swap.cpp:14
14          printf("Orginally, v1=%d, v2=%d\n", v1, v2);
(gdb) print v1
$1 = 96
(gdb) step
Orginally, v1=96, v2=95
17          temp = v1;
(gdb) step
19          v2 = temp;
(gdb) step
22          printf("After swapping, v1=%d, v2=%d\n", v1, v2);
(gdb) print v1
$2 = 96
(gdb)
```

图 2-48　单步运行调试

原来第 18 行代码是把 v1 赋给了自己,如图 2 - 49 所示。GCC 编译系统在处理这种"无意义"的代码的时候,出于优化程序的考虑,会自动把这句忽略过去,所以在执行的时候不会执行到这句代码,这也是我们程序出错的原因——误将 v1=v2 写为了 v1=v1。

```
(gdb) list 18
13        //print the original value
14        printf("Orginally, v1=%d, v2=%d\n", v1, v2);
15
16        //swap
17        temp = v1;
18        v1 = v1;
19        v2 = temp;
20
21        //Output result
22        printf("After swapping, v1=%d, v2=%d\n", v1, v2);
```

图 2 - 49   查看源代码

下面只要将程序进行修改,就可以得到我们想要的结果了。实际上,如果这里 v1 被赋给了错误的值,还可以使用 watch 命令对 v1 进行监控,直接找到修改 v1 的代码。

以上就是使用 GDB 调试器对 C 程序进行简单调试的例子。更多的 GDB 命令可以通过 help 获得,如图 2 - 50 所示。

```
(gdb) help
List of classes of commands:

aliases -- Aliases of other commands
breakpoints -- Making program stop at certain points
data -- Examining data
files -- Specifying and examining files
internals -- Maintenance commands
obscure -- Obscure features
running -- Running the program
stack -- Examining the stack
status -- Status inquiries
support -- Support facilities
tracepoints -- Tracing of program execution without stopping the program
user-defined -- User-defined commands

Type "help" followed by a class name for a list of commands in that class
Type "help all" for the list of all commands.
Type "help" followed by command name for full documentation.
Type "apropos word" to search for commands related to "word".
Command name abbreviations are allowed if unambiguous.
```

图 2 - 50   GDB 下的 help 命令

第3章　实验内容

3.1　学籍管理系统的初始界面——第一个顺序程序

3.1.1　实验目的

本程序是实验的第一个程序,目的是使学生熟悉 Visual C++ 6.0 集成环境的界面和有关菜单的使用,通过一个基本的 C 程序了解程序编辑、编译、连接和运行的基本步骤,并初步掌握格式化输出函数 printf( )的使用。

3.1.2　实验描述

本程序要求完成学籍管理系统界面的编程实现,即在屏幕上显示学籍管理系统的主界面。

具体要求:

第一版学籍管理系统,只输出最初的界面,并不涉及用户的输入。

输入:

无

输出:

(20 个空格)1. Input

(20 个空格)2. Output

(20 个空格)3. Order

(20 个空格)4. Quit

3.1.3　实验分析

1. 基本分析

该程序很简单,就是用 printf 语句输出多个功能选项。要注意,为了美观,可以考虑对功能选项进行居中处理,比如用空格来控制功能选项的起始显示行和列。

2. 涉及课本上的知识点

(1) C 语言程序的基本结构:包括头文件和 main 函数。

(2) printf 语句:从屏幕上光标位置开始输出信息,主要参数有两类,一类是格式串,一类是要输出的变量。

(3) 在 printf 中的\n 是一个转义符,表示输出一个回车换行符。

3.1.4 关键点

1. main 函数的使用

main 函数有很多变种,在 moodle 系统下建议使用下面的形式。

```
int main()
{
    语句1;
    语句2;
    语句3;
    …
    return 0;
}
```

2. 头文件

在 C 程序中,头文件或包含文件是一个文件,通常是源代码的形式,由编译器在处理另一个源文件的时候自动包含进来。在 C 语言和 C++中,标准库函数习惯上在头文件中声明,因此用户在使用到这些库函数时,需要在程序前用 ♯include加上对头文件的引用。

3.1.5 参考代码

```
/ *
功能:学籍管理系统的初始界面
输入:无
输出:输出学籍管理系统的初始菜单选项
 * /
```

```
#include<stdio.h>
int main()
{
    printf("                    1.Input\n");
    printf("                    2.Output\n");
    printf("                    3.Order\n");
    printf("                    4.Quit\n");
    return 0;
}
```

运行界面如图 3-1 所示。

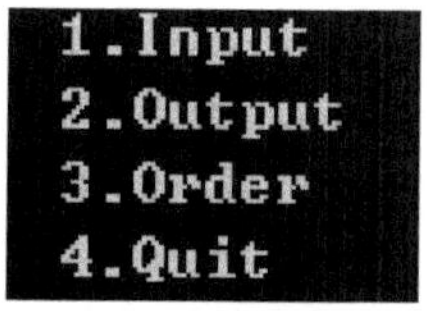

图 3-1 实验一运行截图

3.2 学籍管理系统的主菜单及其响应——基本 输入输出函数的应用

3.2.1 实验目的

掌握标准输入和输出语句,以及基本的选择语句和循环语句的使用。

3.2.2 实验描述

本程序要求在实验一基础上,增加用户的输入部分,程序能根据用户的输入, 输出相关的菜单选项。

具体要求:

当用户输入相应字母时,程序根据用户的选择,输出相关菜单项信息;然后继续等待用户的输入,当用户输入 Q 时在输出相关信息之后退出程序。

程序运行结果如下:

输入:

I

输出：

You are trying to input info

输入：

O

输出：

You are trying to output info

输入：

D

输出：

You are trying to make things ordered

输入：

Q

输出：

You are about to quit

（注意：输入 Q，显示后结束程序）

3.2.3 实验分析

1. 基本分析

该程序在实验一基础上扩充了两项功能：①根据用户的输入，进行菜单选项的输出；②用户输入和输出后，程序并不直接退出，而是允许再接收用户的输入，只有当输入"Q"时才结束程序。前者对应选择问题，后者则是一个循环问题。在编程时，需要同时用到 C 程序中的选择语句和循环语句，尤其要注意循环结束的条件，否则程序将陷于死循环中。

2. 涉及课本上的知识点

（1）getchar()函数

getchar()函数用于从键盘读取用户输入的一个字符，并将该字符的 ASCII 码值作为函数返回值。例如：char ch；ch = getchar()；

（2）putchar()函数

putchar()函数用于将给定的一个字符常量或字符变量的内容输出到屏幕上，例如：putchar('A')；

（3）printf（）函数

printf（）函数是格式化输出函数,它向标准输出设备(屏幕)输出响应信息。其调用格式为:

printf("＜格式化字符串＞",＜输出表列＞);

其中:格式化字符串可以是%c、%d、%f 等,分别对应字符型数据、整型数据和浮点型数据等;输出表列是指需要输出的常量、变量或表达式。

（4）scanf（）函数

scanf（）函数是格式化输入函数,它从标准输入设备(键盘)读取输入的信息,存入地址表对应的变量中。其调用格式为:

scanf("＜格式化字符串＞",＜地址表＞);

其中:格式化字符串与 printf（）函数相同,地址表是对应变量的地址,用取址符"&"加上变量名表示。

（5）if/else 语句

C 程序的语句分为三大类:顺序语句、选择语句和循环语句,C 程序一般都由这三种语句构成。C 语言提供了以下三种形式的 if 语句。

① if(表达式)语句 1

执行时,首先判断表达式是否成立;表达式成立则执行语句 1,否则执行下一条语句。例如:if(x＞y)printf("%d",x);

② if(表达式)语句 1 else 语句 2

执行时,首先判断表达式是否成立;表达式成立则执行语句 1,否则执行语句 2。例如:

if(x＞y)printf("%d",x); // 用于输出 x 和 y 中的较大值

else printf("%d",y);

③ if(表达式 1)语句 1

　　else if(表达式 2)语句 2

　　else if(表达式 3)语句 3

　　……

　　else if(表达式 n)语句 n

　　else 语句 n+1

执行时,如果表达式 1 成立时,执行语句 1;如果表达式 2 成立,执行语句 2,……,如果表达式 n 成立时,执行语句 n,否则执行语句 n+1。当有多个 if/else 时,通常情况下,else 和最接近的一个 if 匹配。

（6）switch/case 语句

除了 if 语句,switch 语句也可以用于多分支的选择和判断,其调用格式如下。

```
switch(表达式)
{
    case 常量表达式 1:语句 1;break;
    case 常量表达式 2:语句 2;break;
    ......
    case 常量表达式 n:语句 n;break;
    default:语句 n+1
}
```

说明:

① switch 后面括号内的表达式,允许为任何类型。当表达式与某一个 case 后面的常量表达式相等时,就执行 case 后面的语句;若没有匹配,则执行 default 后面的语句。每一个 case 的常量表达式的值须互不相同,否则便会出现矛盾。

② break 的作用是从 switch 语句中跳出来,把控制转到 switch 语句之后去执行。

switch/case 语句除了上面的格式外,也可以在一些缺省格式下使用,常见的有下面几种情况。

1) break 语句缺省:当 case 语句缺省 break 语句时,表示执行完 case 语句后不跳出 swich 语句,而是从表达式值等于某个 case 语句后的值开始,它下方的所有语句都会一直运行,直到遇到一个 break 为止。

2)case 后的语句缺省。在 switch/case 语句中,多个 case 可以共用一条执行语句,如:

```
......
case 'A':
case 'B':
case 'C':
printf("成绩>60\n");
break;......
```

表示当 switch 后面表达式的值为'A'、'B'或 'C'时,均执行相同的语句,即输出"成绩>60"。

(7) for 语句

for 循环用于循环次数已知的情况,其调用格式为:

for (<表达式 1>;<表达式 2>;<表达式 3>) 循环体语句

一般地，<表达式1>用于对循环变量赋初值，<表达式2>表示循环条件，<表达式3>是对循环变量的改变。执行 for 语句的一般流程是：首先计算<表达式1>，即对循环变量附初值；第二步，判断<表达式2>是否成立，如果成立，则执行循环语句体；第三步，计算<表达式3>，再循环执行第二步，以此类推。当<表达式2>不成立，则退出循环。

（8）while 语句

while 语句一般用于事先不知道循环次数的情况，在循环执行的过程中，根据条件来决定循环是否结束，其调用格式为：

while（<表达式>）循环体语句；

while 语句执行时，首先判断表达式是否成立；如果成立，则执行循环体语句；否则退出循环。

（9）do – while 语句

do – while 语句一般也用于事先不知道循环次数的情况。与 while 语句的区别是 do－while 语句是在判断条件是否成立之前，先执行循环体语句一次，其调用格式为：

do 循环体语句 while（<表达式>）；

循环语句允许相互嵌套，比如可以在 for 语句中嵌套 while 语句，或者在 while 语句中嵌套其他循环语句。只要对每个语句的执行过程清楚，嵌套循环的逻辑也就不复杂了。

3.2.4　关键点

1. 输入和输出

本程序是一个典型的多分支语句。相比使用 if/else 的嵌套语句而言，使用 switch/case 语句在逻辑上显得更清晰。根据题目要求，可以分析得到：switch 后面的表达式就是需要输入的字符，case 后面的常量表达式分别对应'I'、'O'、'D'和'Q'，case 语句则是输出对应的菜单选项。

2. 循环结束条件的设置

本程序除了实现分支之外，还要求能接收用户的多次输入，这是一个循环问题。作为循环语句，需要明确两个问题，一是循环条件，二是循环语句体。在实验要求中已经明确，只有用户在输入'Q'时程序结束，否则一直接受用户输入。如前所述，对于这种循环次数未知的循环语句，选用 do/while 或 while 语句。当然，我

们也可以通过 for 语句的＜表达式 2＞来判断用户输入,比如:

```
......
char c;
scanf(" % c",&c);
for(i = 0;c! = 'Q';i + +)
{
    ......
}
```

3.2.5　参考代码

```
/*
功能:学籍管理系统的主菜单及其响应
输入:c:键盘获得的单个字符输入
输出:对应的菜单项
*/
#include<stdio.h>
int main()
{
    char c;
    do
  {
        c = getchar(); //获得用户输入
        switch(c) //根据用户输入,输出对应菜单选项
        {
            case 'I':printf("You are trying to input info\n");break;
            case 'O':printf("You are trying to output info\n");break;
            case 'D':printf("You are trying to make things ordered\n");break;
            case 'Q':printf("You are about to quit\n");break;
        }
    }while(c! = 'Q');   // 当用户输入 Q,退出循环
        return 0;
}
```

运行界面如图 3 - 2 所示。

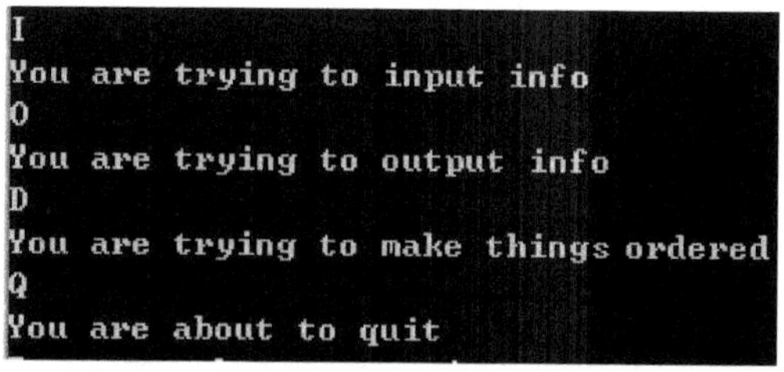

图 3-2　实验二运行截图

3.3　学籍管理系统学生基本信息的输入及处理
——数据类型和少量学生信息的处理流程

3.3.1　实验目的

输入和输出函数的灵活运用,包括不同类型数据格式的输入和输出。

3.3.2　实验描述

本程序要求用户输入学生的基本信息(学号、成绩),然后依次输出。

具体要求:

用户依次输入三个学生的学号和对应的三门课程成绩,要求输入的学号为 4 位自然数(注:最高位不能为 0),每门课程的成绩为 2 位整数,1 位小数,最后按输入顺序进行确认输出。

输入:

学号 1

成绩 1

成绩 2

成绩 3

学号 2

成绩 1

成绩 2

成绩 3

学号 3

成绩1

成绩2

成绩3

输出：

总成绩1,成绩1,成绩2,成绩3

总成绩2,成绩1,成绩2,成绩3

总成绩3,成绩1,成绩2,成绩3

3.3.3　实验分析

1. 基本分析

在前两个程序中,我们使用到了基本的字符输入和输出。本程序增加了整数、浮点数的输入和输出。

2. 涉及课本上的知识点

(1) 常量和变量

C语言中数据分为常量和变量。在程序执行过程中值保持不变的量称为常量,比如1.5节参考代码中,printf(″　1. Input\n″)语句中由双撇号括起来的一段字符,属于字符串常量。除此之外,常量还包括整型常量、字符串常量、浮点数常量等。

与常量对应,在程序运行过程中不断改变的量称为变量。比如2.5节代码中的 char c;语句就是定义了一个字符变量。在C语言中要求对所有的变量"先定义,后使用",变量定义的一般格式是:

　　　　<数据类型标识符> <变量名表>;

其中,<数据类型标识符>表示变量的数据类型,可以是整型、字符型或浮点型数据等。

(2) 变量与内存

在程序编译过程中,系统会为变量分配内存,不同的变量类型在内存中所占的大小是不同的,不同的C编译器也会存在差异。以 Visual C++ 6.0 为例,整型变量和浮点型变量对应4个字节的内存,字符型变量对应1个字节的内存,字符串变量根据字符的个数占用若干字节。占用内存的大小决定了该变量的取值范围,比如字符占用1个字节,实际对应了 ASCII 码从0~255之间取值。

所有对变量的输入和输出操作实际上就是对于变量内存上的读或写操作。比如,调用 scanf("%c",&ch)语句,实际上就是将键盘输入的字符存入变量 ch 对应的内存单元,&ch 表示其地址。对应的,printf("%c",ch)语句是表示将变量 ch 在内存中的值以字符形式输出到屏幕上。

3.3.4　关键点

1. 浮点数的输入

在有些 C 编译环境下,程序中并没有错误,但会出现浮点数不能正常输入的情况,比如 Turbo C。这主要是由于在早期的系统中内存比较有限,为了节省内存资源,有些编译器在开始时并没有关联浮点型数据库,因此导致输入数据不能正常解析。多数情况下,我们在定义浮点数的时候对其进行初始化,就能解决这个问题了,例如 float f = 0.0;。

2. 多个数据的输入

该程序中存在多个学生信息的输入和输出,目前只能通过定义多个变量,使用顺序语句实现,程序显得比较冗长。后面我们将学习到的数组以及循环语句,就能很好地解决这个问题。

3.3.5　参考代码

```
/*
功能:学籍管理系统学生基本信息的输入及输出
输入:
id1,id2,id3:三个学生的学号
score1,score2, score3 第一个学生的三门课程成绩
score4,score5, score6 第二个学生的三门课程成绩
score7,score8, score9 第三个学生的三门课程成绩
输出:按输入顺序进行确认输出
*/
#include<stdio.h>
int main()
{
    int id1,id2,id3; //定义学号变量
    float
    score1 = 0.0, score2 = 0.0, score3 = 0.0,score4 = 0.0,score5 = 0.0,
    score6 = 0.0,score7 = 0.0,score8 = 0.0,score9 = 0.0; //定义成绩
```

变量

```
scanf("%d",&id1); //输入第一个学生的学号和成绩
scanf("%f",&score1);
scanf("%f",&score2);
scanf("%f",&score3);
scanf("%d",&id2); //输入第二个学生的学号和成绩
scanf("%f",&score4);
scanf("%f",&score5);
scanf("%f",&score6);
scanf("%d",&id3); //输入第三个学生的学号和成绩
scanf("%f",&score7);
scanf("%f",&score8);
scanf("%f",&score9);
printf("%d,%.1f,%.1f,%.1f\n%d,%.1f,%.1f,%.1f\n%d,%.1f,%.1f,%.1f\n",id1,score1,score2,score3,id2,score4,score5,score6,id3,score7,score8,score9); //依次输出三个学生的三门课成绩
return 0;
}
```

运行界面如图 3 - 3 所示。

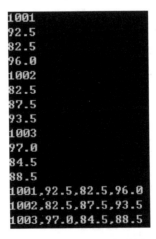

图 3 - 3 实验三运行截图

3.4 学籍管理系统学生成绩首次排序——分支程序设计和少量数字的排序处理

3.4.1 实验目的

掌握不使用数组的情况下,少量数据的排序。

3.4.2 实验描述

在实验三的基础上,按照学生三门课程总成绩从大到小排序,并输出对应的学生信息。

具体要求:

当用户输入三个学生的学号和成绩后,按照每个学生三门课程总成绩从大到小排序,输出相应的学生信息。总成绩要求为最大为 3 位整数,1 位小数。

输入:

学号 1

成绩 1

成绩 2

成绩 3

学号 2

成绩 1

成绩 2

成绩 3

学号 3

成绩 1

成绩 2

成绩 3

输出:

学号 1,总成绩 1

学号 2,总成绩 2

学号 3,总成绩 3

(注意:输出的是排序后的学号和总成绩)

3.4.3　实验分析

1. 基本分析

由于使用的变量增多,对于变量命名需要尽量选择有含义的标识符,以便排序时对变量名的正确引用。可以使用英文缩略语对变量命名,比如学号用 id,成绩用 score,姓名用 name 等。也可以使用拼音对变量命名,比如学号用 xuehao。

2. 涉及课本上的知识点

排序(Sorting)是计算机程序设计中的一种重要操作,它的功能是将数据元素(或记录)的任意序列,重新按照一个或多个关键字排列成一个有序的序列。排序的算法很多,对空间的要求及其时间效率也不尽相同,一般要求根据被排序对象的特征,选择算法复杂度较低的算法。穷举排序法、比较排序法适用于少量数据的排序,后面我们还会介绍到几个典型的排序算法,比如冒泡排序和选择排序。

3.4.4　关键点

1. 少量非数组情况下的排序处理

(1) 穷举排序法

穷举排序法适用于少量数据的排序,通过对所有的情况进行穷举,得出排序的结果。穷举排序法的基本思想是:首先确定排序的所有结果,在依次比较后确定输出。以三个数为例(不考虑任何两个数相等的情况),可能的排序顺序有六种,即 a>b>c, a>c>b,b>a>c,b>c>a,c>a>b 或 c>b>a。因此,只要通过两两比较大小后,输出对应的六种排序结果之一即可。

(2) 比较排序法

比较排序法适用于少量数的排序。仍以三个数 a、b、c 的排序为例,其基本思想是:首先选择两个数 a、b 比较大小,选择其中较小(或较大)的数与第三个数比较,得到三个数中的最小(或最大)的数;然后再比较剩余的两个数,确定顺序后,最终得到三个数从大到小(或从小到大)的排序。

参考代码如下:

```
#include <stdio.h>
int main ( )
{
```

```
float a,b,c,t;
scanf("%f,%f,%f",&a,&b,&c);
if(a>b) // 比较 a,b,将较小的数存入 a
{
    t = a;
    a = b;
    b = t;
}
if(a>c) //比较 a 和 c,得到三个数中的最小数存入 c
{
    t = a;
    a = c;
    c = t;
}
if(b>c) //比较剩余的两个数
{
    t = b;
    b = c;
    c = t;
}
printf("%5.2f,%5.2f,%5.2f\n",a,b,c);    // 按照从大到小的顺
                                        序输出
return 0;
}
```

2. 多组信息的交换

本实验中要求根据学生的总成绩进行排序,在使用比较排序法的时候,需要注意的是不仅要交换学生的成绩,还要同时交换学号,以保证学生信息的一致性。

3.4.5 参考代码

```
/*
功能:学籍管理系统学生成绩首次排序
输入:
```

id1,id2,id3：三个学生的学号

score1,score2，score3 第一个学生的三门课程成绩

score4,score5，score6 第二个学生的三门课程成绩

score7,score8，score9 第三个学生的三门课程成绩

输出：按照每个学生三门课程总成绩从大到小排序输出相应的学生信息

```
*/
#include<stdio.h>
int main()
{
    int a,b,c,t;
    int i,id1,id2,id3;//定义学号变量
    float
    score1=0.0,score2=0.0,score3=0.0,score4=0.0,score5=0.0,score6=
    0.0,score7=0.0,score8=0.0,score9=0.0,j=0.0          //定义成绩变量
    float total1=0.0,total2=0.0,total3=0.0;
                                        //定义三个学生各自的总成绩变量
    scanf("%d",&id1);//输入第一个学生的学号和成绩
    scanf("%f",&score1);
    scanf("%f",&score2);
    scanf("%f",&score3);
    scanf("%d",&id2);    //输入第二个学生的学号和成绩
    scanf("%f",&score4);
    scanf("%f",&score5);
    scanf("%f",&score6);
    scanf("%d",&id3);    //输入第三个学生的学号和成绩
    scanf("%f",&score7);
    scanf("%f",&score8);
    scanf("%f",&score9);
    total1=score1+score2+score3;//计算每个学生的总成绩
    total2= score4+ score5+ score6;
    total3= score7+ score8+ score9;
    if(total1<= total2)//对总成绩进行排序
    {
```

```
        j = total1；//交换学生 1 和学生 2 的总成绩
        total1 = total2；
        total2 = j；
        t = id1；//交换学生 1 和学生 2 的学号
        id1 = id2；
        id2 = t；
    }
    if(total1< = total3)
    {
        j = total1；//交换学生 1 和学生 3 的总成绩
        total1 = total3；
        total3 = j；
        t = id1；//交换学生 1 和学生 3 的学号
        d1 = id3；
        id3 = t；
    }
    if(total2< = total3)
    {
        j = total2；//交换学生 2 和学生 3 的总成绩
        total2 = total3；
        total3 = j；
        t = id2；//交换学生 2 和学生 3 的学号
        id2 = id3；
        id3 = t；
    }
    printf("%d,%.1f\n%d,%.1f\n%d,%.1f\n",id1, total1,id2,
    total2,id3, total3)；//输出排序后的结果
    return 0；
}
```

运行界面如图 3 - 4 所示。

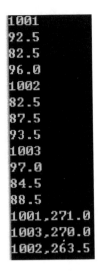

图 3-4　实验四运行截图

3.5 学籍管理系统学生成绩第二次排序——双关键字排序

3.5.1 实验目的

实现两个关键字的双重排序。

3.5.2 实验描述

前面我们已经实现了根据三门课程总成绩的单关键字排序,下面要完成的双关键字排序,添加了新的关键字"班级",即同一班级里面,按成绩从高到低排序;不同的班级,按班级号从小到大排序。

具体要求:

输入三个学生信息,班级为两位整数,且起始不能为 0。输出按班级从小到大,输出的总成绩从高到低。

输入:

学号 1

班级 1

成绩 1

成绩 2

成绩 3

学号 2

班级 2

成绩 1

成绩 2

成绩 3

学号 3

班级 3

成绩 1

成绩 2

成绩 3

输出：

班级 1,学号 1,总成绩 1

班级 2,学号 2,总成绩 2

班级 3,学号 3,总成绩 3

（注意:输出的是排序后的学生信息）

3.5.3 实验分析

1. 基本分析

首先想到用上一个程序的思想进行排序,但是此时有两个关键字,如何选择呢？在关键点中我们将介绍到穷举法、两步排序法、双关键字变单关键字等几种方法。

2. 涉及课本上的知识点说明

双关键字排序相比单关键字排序复杂,其常见的思路是先确定主关键字和次关键字,再分别使用常用的排序算法实现排序,即先保证第一关键字的升/降序,在第一关键字一样的情况下再保证第二关键字的升/降序。下面将介绍几种常用的双关键字排序法。

3.5.4 关键点

1. 穷举法进行双重排序

与前面所讲的类似,穷举法也同样适用于双关键字的排序,通过对班级的情况穷举得到最后的排序结果,但仅适用于少数学生的情况。基本思路是:三个学生有三个班级号(假设为 cla1、cla2 和 cla3),则所有可能的情况有 cla1＝cla2＝cla3、cla1＝cla2＞cla3、cla1＝cla2＜cla3、cla1＜cla2＝cla3、cla1＞cla2＝cla3、cla1＝cla3＞cla2、cla1＝cla3＜cla2 和 cla1！＝cla2！＝cla3。则解决方案就出来了,伪代码如下所示:

if(cla1＝＝cla2 && cla2＝＝cla3) then 按三个学生的总成绩从大到小排序输出

else if(cla1！＝cla2！&& cla2！＝cla3) 按三个学生的班级号从小到大排序输出

else 根据班级号的关系输出信息(此时必有两个班级号相等),若相等的班级号比另外一个班级号大,则先输出小的班级号的同学信息,然后相等班级号的同学根据总成绩比较排序输出;若相等的班级号比另外一个班级号小,则相等班级号的同学先根据总成绩比较排序输出,再输出大的班级号的同学信息。

2. 简单排序法的变种

参考上一个实验的方法进行排序,只是在比较时,采用先比较班级大小,如果班级相等,则比较总成绩的方法,参考代码如下所示。

```
if(cla1<cla2) // 比较班级大小
{
    交换;
}
else if (cla1 = = cla2)
{
    if(total1> total2)
    {
        交换;
    }
}
```

3. 两步排序法

这里的两步排序法是指先排总成绩,再排班级。需要注意的是:如果先按班级进行排序,然后再按总成绩进行排序,则不成立。这个方法跟前一个方法的区别是:这个方法是进行了两次排序,第一次按总成绩排序,跟上一个实验非常相似;第二次对第一次排好序的数据再进行一次排序,这次是按班级来排序。

4. 双关键字变单关键字

基本思路是把两个关键字合并成一个关键字,然后使用冒泡排序的方法来进行排序,重点是如何把双关键字合并为一个关键字。

具体方法举例如下:假设采用班级(cla)和总成绩(total)来排序,班级内按总成绩从大到小排序,班级之间按班级号从小到大排序,则合并方法可以为:cla×1000−total。比如,三个同学甲、乙、丙,其 class 分别为 01,01,02,其 score 为分别为 90.8,92.5 和 79.5,则计算得到的单关键字值为 909.2,907.5 和 1920.5,按从小到大排序为 907.5,909.2 和 1920.5,恰好也是我们需要的排序结果——乙、甲、丙。

3.5.5 参考代码

```
/*
功能:学籍管理系统学生成绩第二次排序——双关键字排序
输入:三个学生的学号、班级和三门课程的成绩
id1,id2,id3 学号
cla1,cla2,cla3 班级号
score1,score2,score3 第一个学生的三门课程成绩
score4,score5,score6 第二个学生的三门课程成绩
score7,score8,score9 第三个学生的三门课程成绩
输出:按照每个学生三门课程总成绩从大到小排序输出相应的学生信息,同一班级里面,按成绩从高到低排序;不同的班级,按班级从小到大来排序。
*/
#include<stdio.h>
#include<string.h>
int main()
{
```

```
int a,b,c,t;
int i,id1,id2,id3,cla1,cla2,cla3;  //定义学号变量
float
score1 = 0.0,score2 = 0.0,score3 = 0.0,score4 = 0.0,score5 = 0.0,
score6 = 0.0,score7 = 0.0,score8 = 0.0,score9 = 0.0,j = 0.0;
                                        // 定义成绩变量
float total1 = 0.0,total2 = 0.0,total3 = 0.0;  //定义三个学生各自的
                                        总成绩变量
scanf("%d",&id1);  //输入第一个学生的学号、班级和成绩
scanf("%d",&cla1);
scanf("%f",&score1);
scanf("%f",&score2);
scanf("%f",&score3);
scanf("%d",&id2);  //输入第二个学生的学号、班级和成绩
scanf("%d",&cla2);
scanf("%f",&score4);
scanf("%f",&score5);
scanf("%f",&score6);
scanf("%d",&id3);  //输入第三个学生的学号、班级和成绩
scanf("%d",&cla3);
scanf("%f",&score7);
scanf("%f",&score8);
scanf("%f",&score9);
total1 = score1 + score2 + score3;  // 计算每个学生的总成绩
total2 = score4 + score5 + score6;
total3 = score7 + score8 + score9;
/ * 先排班级,按照从小到大排列 * /
if(cla1<cla2)  // 比较班级大小
{
    t = cla1;  //交换学生 1 和学生 2 的班级
    cla1 = cla2;
    cla2 = t;
    t = id1;  //交换学生 1 和学生 2 的学号
```

```
            id1 = id2;
            id2 = t;
            j = total1;  //交换学生 1 和学生 2 的总成绩
            total1 = total2;
            total2 = j;
    }
else if (cla1 = = cla2)
    {
        if(total1> total2)
            {
                t = cla1;  //交换学生 1 和学生 2 的班级
                cla1 = cla2;
                cla2 = t;
                t = id1;  //交换学生 1 和学生 2 的学号
                id1 = id2;
                id2 = t;
                j = total1;  //交换学生 1 和学生 2 的总成绩
                total1 = total2;
                total2 = j;
            }
    }
if(cla1<cla3) // 比较班级大小
    {
        t = cla1;  //交换学生 1 和学生 3 的班级
        cla1 = cla3;
        cla3 = t;
        t = id1;  //交换学生 1 和学生 3 的学号
        id1 = id3;
        id3 = t;
        j = total1;  //交换学生 1 和学生 3 的总成绩
        total1 = total3;
        total3 = j;
    }
```

```
else if (cla1 = = cla3)
{
    if(total1> total3)
    {
        t = cla1; //交换学生 1 和学生 3 的班级
        cla1 = cla3;
        cla3 = t;
        t = id1; //交换学生 1 和学生 3 的学号
        id1 = id3;
        id3 = t;
        j = total1; //交换学生 1 和学生 3 的总成绩
        total1 = total3;
        total3 = j;
    }
}
if(cla2<cla3) // 对总成绩进行排序
{
    t = cla2; //交换学生 2 和学生 3 的班级
    cla1 = cla3;
    cla3 = t;
    t = id2; //交换学生 2 和学生 3 的学号
    id2 = id3;
    id3 = t;
    j = total2; //交换学生 2 和学生 3 的总成绩
    total2 = total3;
    total3 = j;
}
else if (cla2 = = cla3)
{
    if(total2> total3)
    {
        t = cla2; //交换学生 2 和学生 3 的班级
        cla2 = cla3;
```

```
        cla3 = t;
        t = id2；//交换学生 2 和学生 3 的学号
        id2 = id3；
        id3 = t；
        j = total2；//交换学生 2 和学生 3 的总成绩
        total2 = total3；
        total3 = j；
    }
}
printf("%d,%d,%.1f\n%d,%d,%.1f\n%d,%d,%.1f\n",cla3,
id3, total3,cla2,id2, total2,cla1,id1, total1)；//输出排序后的
                                                结果
return 0；
}
```

运行界面如图 3－5 所示。

图 3－5　实验五运行截图

3.6 学籍管理系统学生信息维护之插入学生信息——数组的首次应用

3.6.1 实验目的

掌握数组的定义和基本使用。

3.6.2 实验描述

要求新输入的学生信息插入后,按照顺序输出排序后的学生信息。

具体要求:

假定程序中已经有三个学生信息了,现在需要插入一个新的学生信息。

①用数组来存储学生信息,包括学号、班级、姓名、三门课程的成绩。

②新输入的学生信息插入后,按照顺序输出排序后的学生信息,最后一列为学生的三门课程总成绩。(要求按照班级从小到大,同一班级内按照姓名的先后排序)

③已有的三个学生的信息可以在数组初始化时静态赋值,三个学生的信息是:

1001,11,Zhao,92.5,82.5,96.0,271.0

1002,12,Qian,82.5,87.5,93.5,263.5

1003,13,Sun,97.0,84.5,88.5,270.0

输入:

学号 4

班级 4

姓名 4

成绩 1

成绩 2

成绩 3

输出:

学号 1,班级 1,姓名 1,成绩 1,成绩 2,成绩 3,总成绩 1

学号 2,班级 2,姓名 2,成绩 1,成绩 2,成绩 3,总成绩 2

学号 3,班级 3,姓名 3,成绩 1,成绩 2,成绩 3,总成绩 3

学号 4,班级 4,姓名 4,成绩 1,成绩 2,成绩 3,总成绩 4

（注意：输出为排序后的学生信息）

3.6.3 实验分析

1．基本分析

（1）数组的引出

在本实验之前，程序中定义的变量都属于基本类型，例如整型、字符型、浮点型（单精度浮点型、双精度浮点型）等。一般情况下，这些基本的数据类型就能满足要求。但是在实验四和实验五中，我们看到用基本数据类型表示学生信息，存在下面两个问题。

①难以反映学生各种信息之间的关联：学生的各项信息之间需要人为的对应，比如学号 id1 对应的成绩变量是 score1、score2 和 score3，学号 id2 对应的成绩变量是 score4、score5 和 score6，学号 id3 对应的成绩变量是 score7、score8 和 score9。尤其是在学生数量增多的情况下，需要定义大量的变量，这样很容易因为变量的对应而出错。

②给算法的实现带来麻烦：以实验五的双关键字排序算法为例，我们看到程序中存在大量的类似代码。但是，因为变量的不同，即使相同的操作，也需要反复书写代码，无法使用统一的循环语句来实现。

（2）数组的适用情况

数组是一组有序数据的集合，数组中引入变量加下标的方法来唯一确定数组中的元素。比如 int id[3];语句定义了一个长度（或大小）为 3 的数组，其中 id[0]、id[1]和 id[2]分别对应三个学生的学号。这样做的好处是便于将循环变量和数组的下标关联起来，用简单的循环语句来替代重复的操作。

（3）如何表示一个或多个学生姓名

学生的姓名可以看作是多个字符的集合，称为字符串。但是，在标准 C 中没有字符串类型，而是用字符数组或字符指针来表示字符串。多个学生的姓名可以看作是多个字符串，对应的用多维字符数组或字符指针数组来表示。

2．涉及课本上的知识点

（1）一维数组的定义和引用

基本定义：类型说明符 数组名[常量表达式];

例如：int a[10];定义了一个整形数组，数组名为 a，数组有 10 个元素。

说明：

①数组名命名规则和变量名相同，遵循标识符命名规则。

②在定义数组时,需要指定数组中元素的个数,方括弧中的常量表达式用来表示元素的个数,即数组长度。

③常量表达式中可以包括常量和符号常量,但不能包含变量。也就是说,C语言不允许对数组的大小作动态定义,即数组的大小不依赖于程序运行过程中变量的值。

一维数组元素的引用:数组名[下标],下标可以是整型常量或整型表达式。

(2) 一维数组的初始化

①在定义数组时对数组元素赋以初值。

例如:int a[10] = {0,1,2,3,4,5,6,7,8,9};

将数组元素的初值依次放在一对花括弧内。经过上面的定义和初始化之后,a[0]=0,a[1]=1,a[2]=2,a[3]=3,以此类推。

②可以只给一部分元素赋值。

例如: int a[10] = {0,1,2,3,4};

定义a数组有10个元素,但花括弧内只提供5个初值,这表示只给前面5个元素赋初值,后5个元素值为0。

③如果想使一个数组中全部元素值为0,可以写成:

        int a[10] = {0,0,0,0,0,0,0,0,0,0};

或   int a[10]={0};

④在对全部数组元素赋初值时,由于数据的个数已经确定,因此可以不指定数组长度。

例如:int a[5] = {1,2,3,4,5};

也可以写成 int a[] = {1,2,3,4,5};

(3) 二维数组的定义和引用

定义形式为:类型说明符 数组名[常量表达式][常量表达式];

例如:定义a为3×4(3行4列)的数组,如下:float a[3][4];

二维数组元素的引用形式为:数组名[下标][下标],下标可以是整型表达式。

(4) 二维数组的初始化

数据类型 数组名 [常量表达式1][常量表达式2]={初始化数据}

可以用下面4种方法对二维数组初始化。

①分行给二维数组赋初值。

例如: int a[3][4] = {{1,2,3,4},{5,6,7,8},{9,10,11,12}};

②可以将所有数据写在一个花括号内,按数组排列的顺序对各元素赋初值。

例如:int a[3][4] = {1,2,3,4,5,6,7,8,9,10,11,12};

③可以对部分元素赋初值。

例如：int a[3][4] = {{1},{5},{9}};

也可以对各行中的某一元素赋初值。

例如：int a[3][4] = {{1},{0,6},{0,0,0,11}};

④如果对全部元素都赋初值，则定义数组时对第一维的长度可以不指定，但第二维的长度不能省。

例如：int a[3][4] = {1,2,3,4,5,6,7,8,9,10,11,12};

它等价于：int a[][4] = {1,2,3,4,5,6,7,8,9,10,11,12};

（5）一维字符数组的定义和引用

一维字符数组定义的一般格式：char 数组名[常量表达式]；

例如：char str[10];

一维字符数组元素的引用形式：数组名［下标］

（6）一维字符数组的初始化

对字符数组初始化，可逐个将字符赋给数组中各元素。

例如：char c[10] = {′I′,′a′,′m′,′h′,′a′,′p′,′p′,′y′}

如果初值个数小于数组长度，则只将这些字符赋给数组中前面那些元素，其余的元素自动定为空字符。

如果提供的初值个数与预定的数组长度相同，在定义时可以省略数组长度，系统会自动根据初值个数确定数组长度。

例如：char str[] = {′I′,′ ′,′a′,′m′,′ ′,′h′,′a′,′p′,′p′,′y′}；数组 c 的长度自动定为 10。

（7）二维字符数组的定义和引用

二维字符数组定义的一般格式：char 数组名[常量表达式][常量表达式]；

例如：char name[5][10];

二维字符数组元素的引用：数组名[下标][下标]，下标可以是整型表达式。

二维字符数组的初始化：可以按照逐行赋值，亦可以逐一输入，系统会按照每行每列的元素个数进行赋值。与一维数组同样的是，如果初值个数小于数组长度，则只将这些字符赋给数组中前面那些元素，其余的元素自动定为零。

（8）字符串结束符及字符串的输入和输出

除了上面介绍的单个字符的初始化、输入和输出之外，字符数组还可以将整个字符串一次输入或输出。例如：char c[6] = {″China″};

为了测定字符串的实际长度，C 语言规定了一个"字符串结束标志"——′\0′。字符数组并不要求它的最后一个字符为′\0′，甚至可以不包含′\0′。但如果按照字符串的形式进行输入和输出，则系统会在字符数组加结束符′\0′。

对于用字符串对字符数组进行赋值，则可以使用"％s"格式符，将字符数组作为字符串进行输入和输出。例如：

char c[] = {″China″};

printf(″%s″,c);

说明：

①用"%s"格式符输出字符串时，printf 函数中的输出项是字符数组名，而不是数组元素名。

②如果数组长度大于字符串实际长度，也只输出到遇'\0'结束。

③输出字符不包括结束符'\0'。

④如果一个字符数组中包含一个以上'\0'，则遇第一个'\0'时输出就结束。

⑤可以用 scanf 函数输入一个字符串。

（9）字符串处理函数

① puts 函数。

一般形式为：puts（字符数组）

其作用是将一个字符串（以'\0'结束的字符序列）输出到终端。

②gets 函数。

一般形式为：gets（字符数组）

其作用是从终端输入一个字符串到字符数组，并且得到一个函数值。该函数值是字符数组的起始地址。

③strcat 函数。

一般形式为：strcat（字符数组1，字符数组2）

strcat 的作用是连接两个字符数组中的字符串，把字符串 2 接到字符串 1 的后面，结果放在字符数组 1 中，函数调用后得到一个函数值——字符数组 1 的地址。

④strcpy 函数。

一般形式为：strcpy（字符数组1，字符串2）

strcpy 是字符串复制函数。作用是将字符串 2 复制到字符数组 1 中去。

⑤strcmp 函数。

一般形式为：strcmp（字符串1，字符串2）

strcmp 的作用是比较字符串 1 和字符串 2。

比较的结果由函数值带回：

a. 如果字符串 1＝字符串 2，函数值为 0。

b. 如果字符串 1＞字符串 2，函数值为一正整数。

c. 如果字符串 1＜字符串 2，函数值为一负整数。

⑥strlen 函数。

一般形式为：strlen（字符数组）

strlen 是测试字符串长度的函数。函数的值为字符串中的实际长度（不包括′\0′在内）。

3.6.4 关键点

1. 冒泡排序

冒泡排序（Bubble Sort）的基本概念是：依次比较相邻的两个数，将小数放在前面，大数放在后面。由于在排序过程中总是小数往前放，大数往后放，相当于气泡往上升，所以称作冒泡排序。

算法过程：在第 1 趟，首先比较第 1 个和第 2 个数，将小数放前，大数放后。然后比较第 2 个数和第 3 个数，将小数放前，大数放后，如此继续，直至比较最后两个数，将小数放前，大数放后。至此第 1 趟结束，将最大的数放到了最后。在第 2 趟，仍从第 1 对数开始比较（因为可能由于第 2 个数和第 3 个数的交换，使得第 1 个数不再小于第 2 个数），将小数放前，大数放后，一直比较到倒数第 2 个数（倒数第一的位置上已经是最大的），第 2 趟结束，在倒数第二的位置上得到一个新的最大数（其实在整个数列中是第二大的数）。如此下去，重复以上过程，直至最终完成排序。

如果有 n 个数，则要进行 n−1 趟比较。在第 1 趟比较中要进行 n−1 次两两比较，在第 j 趟比较中要进行 n−j 次两两比较。参考代码如下。

```
#include <stdio.h>
int main()
{
    int a[10];
    int i,j,t;
    printf("input 10 numbers :\n");
    for (i = 0;i<10;i++) //输入待排序的数
    scanf("%d", &a[i]);
    printf("\n");
    for(j = 0;j<9;j++)
      for(i = 0;i<9-j;i++)
      if (a[i]>a[i+1]) //交换两个数
      {
        t = a[i];
```

```
        a[i] = a[i + 1];
        a[i + 1] = t;
    }
    printf("the sorted numbers :\n");
    for(i = 0;i<10;i + +)
    printf(" % d ",a[i]);
    printf("\n");
    return 0;
}
```

2. 选择排序

选择排序(Selection Sort)算法的基本思想是:第一层循环从起始元素开始选到倒数第二个元素,主要是在每次进入第二层循环之前,将外层循环的下标赋值给临时变量,接下来的第二层循环中,如果发现有比这个最小位置处的元素更小的元素,则将那个更小的元素的下标赋给临时变量,最后,在二层循环退出后,如果临时变量改变,则说明,有比当前外层循环位置更小的元素,需要将这两个元素交换。

以 10 个数排序为例,所谓选择法就是先将 10 个数中最小的数与 a[0]对换;再将 a[1]到 a[9]中最小的数与 a[1]对换,以此类推。每比较一轮,找出一个未经排序的数中最小的一个,共比较 9 轮。参考代码如下。

```
#include <stdio.h>
int main()
{
    int a[10],i,j,k,t;
    printf("enter the array\n");
    for(i = 0;i<10;i + +) //输入 10 个数
        scanf(" % d",&a[i]);
    for(i = 0;i<9;i + +)
    {
        k = i;
        for(j = i + 1;j<10;j + +)
        if(array[j]< array[k])
          k = j;// 比较后仅记录序号
        t = array[k];
        array[k] = array[i];
        array[i] = t;
```

```
    }
    printf("the sorted array : \n");
    for(i = 0;i<10;i + + )
    printf(" % d",a[i]);
    printf("\n");
     return 0;
    }
```

3. 插入学生信息

学生信息如何插入,才能保证排序的有效性?一种做法是,之前的学生信息已经排序,则可以按照逐个比对的方法,将待插入的学生信息插入到合适的位置;另一种做法是,对之前的学生并不做排序,而是与待插入的学生信息一起重新进行排序。

4. 交换学生姓名

排序过程中有时需要学生信息的交换,对于数据类型的交换比较简单,只需要定义一个中间变量即可;但对于使用字符数组定义的姓名,不能直接使用赋值运算符"="直接进行交换。例如:char name1[10],name2[10],name[10];如果需要交换 name1 和 name2,则下列语句是错误的:

```
name = name1;
name1 = name2;
name2 = name;
```

分析其原因在于对于字符数组而言,字符数组名对应内存中字符串的首地址,则上面的交换实际上是进行地址的重新赋值。况且,C 语言中数组名字是不能被赋值的。因此,上面的代码是错误的。

正确的做法,可以参考下面两种方式。

(1)使用循环语句,对字符元素逐个进行交换,比如:

```
...
int i;
for(i = 0;i<10;i + + )
{
    name[i] = name1[i];
    name1[i] = name2[i];
    name2[i] = name[i];
}
```

(2)使用字符拷贝函数 strcpy(),进行字符串的复制,从而实现交换。参考代码如下。

```
strcpy(name,name1);
strcpy(name1,name2);
strcpy(name2,name);
```

3.6.5 参考代码

```c
/*
功能:学籍管理系统学生信息维护之插入学生信息
输入:待插入学生的班级、姓名和三门课程的成绩
id[3]学号
cla[3]班级
name[3]姓名
score[3][0], score[3][1], score[3][2] 三门课程成绩
输出:按照顺序输出排序后的学生信息,最后一列为学生的三门课程总成绩
(要求按照班级从小到大,同一班级内按照姓名的先后排序)
*/
#include<stdio.h>
#include<string.h>
int main()
{
    int id[4]={1001,1002,1003},cla[4]={11,12,13},i,sign=0,j,r,
    t,m; //定义学号和班级
    char name[4][10]={{"Zhao"},{"Qian"},{"Sun"}}, str1[10], str2
    [10]; //定义姓名
    float score[4][3]={{ 92.5,82.5,96.0},{82.5,87.5,93.5},{97.0,
    84.5,88.5},{0.0,0.0,0.0}},total[4]={ 271.0, 263.5, 270.0},l,q;
    // 三门课成绩和总成绩的初始化
    scanf("%d",&id[3]); //输入插入学生的学号
    scanf("%d",&cla[3]); //输入插入学生的班级
    scanf("%s",&name[3]); //输入插入学生的姓名
    scanf("%f",&score[3][0]); //输入插入学生的三门课成绩
    scanf("%f",&score[3][1]);
```

```
scanf("%f",&score[3][2]);
total[3] = score[3][0] + score[3][1] + score[3][2];
for(j = 0;j<3;j + + ) //排序
{
    for(i = 0;i<(3 - j);i + + )
    {
        if(cla[i]>cla[i + 1])
        {
            r = id[i];   //交换学号
            id[i] = id[i + 1];
            id[i + 1] = r;
            t = cla[i]; //交换班级
            cla[i] = cla[i + 1];
            cla[i + 1] = t;
            strcpy(str1,name[i]);   //交换姓名
            strcpy(name[i],name[i + 1]);
            strcpy(name[i + 1],str1);
            for(m = 0;m<3;m + + )   //交换三门课程的成绩和总成绩
            {
                q = score[i][m];
                score[i][m] = score[i + 1][m];
                score[i + 1][m] = q;
            }
            l = total[i];
            total [i] =  total [i + 1];
            total [i + 1] = l;
        }
        if(cla[i] = = cla[i + 1]) //比较班级是否相同,在同一班级
                                   内部,按照姓名的先后排序
    {
        if(strcmp(name[i],name[i + 1])>0)
        {
            strcpy(str2,name[i]);
            strcpy(name[i],name[i + 1]);
```

```
            strcpy(name[i+1],str2);
            r = id[i];
            id[i] = id[i+1];
            id[i+1] = r;
            for(m = 0;m<3;m++)
            {
                q = score[i][m];
                score[i][m] = score[i+1][m];
                score[i+1][m] = q;
            }
            l = total[i];
            total [i] = total [i+1];
            total [i+1] = l;
        }
        }
    }
}
for(i = 0;i<4;i++) //输出排序后的结果
{
    printf("%d,%d,%s,",id[i],cla[i],name[i]);
    for(j = 0;j<3;j++)
    printf("%.1f,",score[i][j]);
    printf("%.1f\n",total[i]);
}

return 0;
}
```

运行界面如图 3-6 所示。

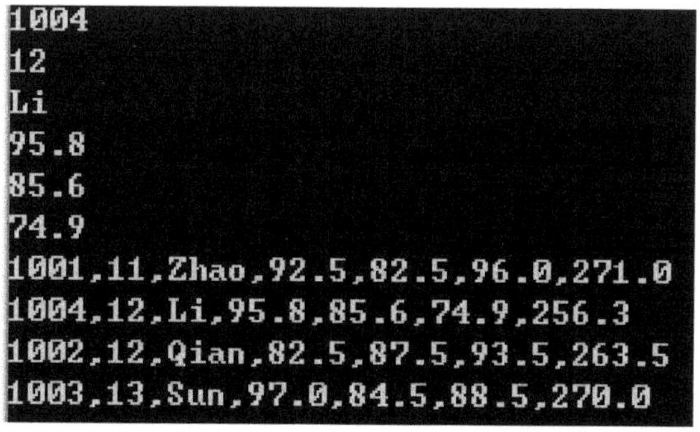

```
1004
12
Li
95.8
85.6
74.9
1001,11,Zhao,92.5,82.5,96.0,271.0
1004,12,Li,95.8,85.6,74.9,256.3
1002,12,Qian,82.5,87.5,93.5,263.5
1003,13,Sun,97.0,84.5,88.5,270.0
```

图 3-6　实验六运行截图

3.7　学籍管理系统学生信息维护之删除一个学生信息——循环程序

3.7.1　实验目的

编程实现数组元素的查找和删除。

3.7.2　实验描述

要求删除学生信息后,按照顺序输出排序后的学生信息。

具体要求:

假设最多能匹配到一位待删除的学生。程序中已经有三个学生信息了,现在需要删除一名学生的信息。

①必须用数组来存储学生信息,包括学号、班级、姓名、三门课程的成绩。

②程序只需要输入一个待删除学生的学号或者姓名,如果该学生不存在,则输出原有三个学生排序后的信息。

③如果指定删除的学生存在,则将其余学生的信息排序输出(要求按照班级从小到大,同一班级内按照姓名先后排序)。

④已有的三个学生的信息可以在数组初始化时静态赋值,也可以用语句来进行动态赋值。要求这三个学生的信息是:

1001,11,Zhao, 92.5,82.5,96.0,271.0

1002,12,Qian, 82.5,87.5,93.5,263.5

1003,13,Sun,97.0,84.5,88.5,270.0

输入:

学号

或姓名

输出:

学号 1,班级 1,姓名 1,成绩 1,成绩 2,成绩 3,总成绩 1

学号 2,班级 2,姓名 2,成绩 1,成绩 2,成绩 3,总成绩 2

(注意:输出为删除后的学生信息)

3.7.3 实验分析

删除一个学生信息,与之前插入一个学生信息,在变量定义上是一致的,也要使用到数组。关于数组的定义和基本使用参见 3.6.3。

3.7.4 关键点

1. 如何查找

本题要求根据用户输入的信息,删除对应的学生信息。用户输入的可以是学生的学号或者姓名,这里就牵扯到根据用户的输入在数组中查找,并删除的操作。下面首先分析如何查找?查找就是匹配的过程。对于数组不大的情况下,可以使用循环语句进行简单的遍历查找即可,即顺序查找法,适用于本题目。在实验八中我们将介绍到一种高效率的查找方法——折半查找法。

2. 顺序查找法

顺序查找法是程序设计中最常用到的算法之一,也是最简单的一种。假定要从 n 个整数中查找 x 的值是否存在,最原始的办法是从头到尾逐个查找,找到则程序结束。举例如下。

```
#include<stdio.h>
#include<string.h>
int main()
{
    int a[5] = {34,12,45,7,8},x,i;
    scanf("%d",&x);//输入待查找的元素 x
    for(i = 0;i<5;i++)
```

```
{
    if(x = = a[i]){ //找到 x,则输出结果,循环结束
        printf("x is found\n");
        break;
    }
    if(i>5)
        printf("x is not found\n"); //没有找到 x
    return 0;
}
```

3. 查找内容的匹配

如何允许用户进行不同类型的匹配是本题的关键之一。因为根据前面所学,对于整型和字符数组的匹配是不同的。如果输入学号,算法描述如下。

```
int id;
scanf("%d",&id); // 输入待删除的学号
if(id = = 1001)
then 删除对应的学生信息
```

如果输入字符,算法描述如下。

```
char name[10];
scanf("%s",name); // 输入待删除的姓名
if(strcmp(name, "Zhang") = = 0); //姓名匹配
then 删除对应的学生信息
```

为了实现不同数据类型的匹配,在这里可以用到一种简单的做法,即将学号也定义为字符数组,这样可以将学号和姓名采用相同的方法进行匹配。算法描述如下。

```
char shuru[10];
scanf("%s",shuru); // 输入待删除的姓名
if(strcmp(shuru, "Zhang") = = 0 || strcmp(shuru, "1001") = = 0);
    //进行姓名和学号的双重匹配
then 删除对应的学生信息
```

4. 如何删除并按序输出

一种思路是先排序,后删除。这样做的好处是删除后不再需要重新排序,仅需要用后面的学生信息替换待删除的信息。或者记录待删除学生的序号,输出的时候不输出即可(参见参考代码 1)。另一种思路是先删除,后排序。可以考虑将删

除后保留的其他学生信息,转存到另一个数组中,再进行统一排序(参见参考代码2)。后边将要学习到的链表,更加适用于这种对学生信息的表示和动态增、删、改。

3.7.5 参考代码

参考代码1

```
/*
功能:学籍管理系统学生信息维护之删除学生信息(先排序后删除)
输入:
temp:待删除学生的学号或姓名
输出:按照顺序输出排序后的学生信息,最后一列为学生的三门课程总成绩(要求
按照班级从小到大,同一班级内按照姓名的先后排序)
*/
#include<stdio.h>
#include<string.h>
int main()
{
    float score[4][3] = {{ 92.5,82.5,96.0},{82.5,87.5,93.5},{97.0,84.5,
    88.5},{0.0,0.0,0.0}};
    float total[4] = { 271.0, 263.5, 270.0,0.0},l;
    int cla[4] = {11,12,13},i,j,m,t;
    char name[4][10] = {{"Zhao"},{"Qian"},{"Sun"}},temp[10];
    char id[4][10] = {"1001","1002","1003"};
    for(i = 0;i<2;i++)   // 先排序,双关键字排序
    {
        for(j = 0;j<2-i;j++)
        {
            if(cla[j]>cla[j+1]) // 首先按照班级的先后顺序进行排序
            {
                for(m = 0;m<3;m++)
                {
                    score[3][m] = score[j][m]; //交换成绩和总成绩
                    score [j][m] = score [j+1][m];
                    score [j+1][m] = score [3][m];
```

```
        }
            t = cla[j]; //交换班级
            cla[j] = cla[j + 1];
            cla[j + 1] = t;
            strcpy(name[3],name[j]); //交换姓名
            strcpy(name[j], name [j + 1]);
            strcpy(name [j + 1], name [3]);
            strcpy(id[3],id[j]); //交换学号
            strcpy(id[j],id[j + 1]);
            strcpy(id[j + 1],id[3]);
            l = total[j];
            total [j] = total [j + 1];
            total [j + 1] = l;
        }
else
    if(cla[j] = = cla[j + 1])   //同一班级内部按照姓名的先后
                                    排序
    {
        if(strcmp(name[j],name[j + 1])>0)
        {
            for(m = 0;m<3;m + +)
            {
                score[3][m] = score[j][m]; //交换成绩和总
                                            成绩
                score [j][m] = score [j + 1][m];
                score [j + 1][m] = score [3][m];
            }
            t = cla[j]; //交换班级
            cla[j] = cla[j + 1];
            cla[j + 1] = t;
            strcpy(name[3],name[j]); //交换姓名
            strcpy(name[j], name [j + 1]);
            strcpy(name [j + 1], name [3]);
            strcpy(id[3],id[j]); //交换学号
```

```
                            strcpy(id[j],id[j+1]);
                            strcpy(id[j+1],id[3]);
                            l=total[j];
                            total [i]= total [j+1];
                            total [j+1]=l;
                        }
                    }
                }
            }
            scanf("%s",temp); //获得用户输入的姓名或学号
            for(i=0;i<3;i++) // 对于匹配到的待删除学生信息,不输出
            {
                if(strcmp(name[i],temp)!=0&&strcmp(id[i],temp)!=0) // 姓名或学号的
                                                                    匹配

                {
                    printf("%s,%d,%s,",id[i],cla[i],name[i]);
                    for(j=0;j<3;j++)
                        printf("%.1f,",score[i][j]);
                   printf("%.1f\n",total[i]);
                }
            }
                return 0;
        }
```

运行界面如图 3-7,图 3-8 和图 3-9 所示。

输入待删除的学生学号,运行结果如图 3-7 所示。

```
1001
1002,12,Qian,82.5,87.5,93.5,263.5
1003,13,Sun,97.0,84.5,88.5,270.0
```

图 3-7　实验 7 运行截图(1) 输入学号

输入待删除的学生姓名,运行结果如图 3-8 所示。

输入不存在的学生学号或者姓名,运行结果如图 3-9 所示。

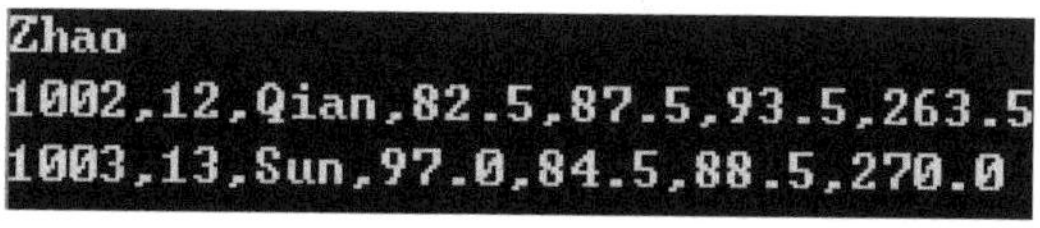

```
Zhao
1002,12,Qian,82.5,87.5,93.5,263.5
1003,13,Sun,97.0,84.5,88.5,270.0
```

图 3-8　实验 7 运行截图(2) 输入姓名

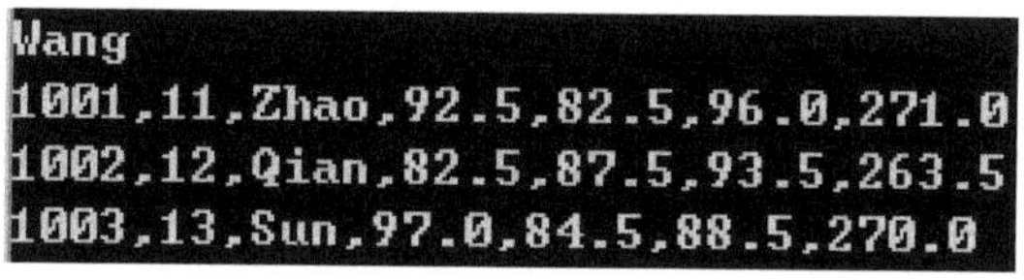

```
Wang
1001,11,Zhao,92.5,82.5,96.0,271.0
1002,12,Qian,82.5,87.5,93.5,263.5
1003,13,Sun,97.0,84.5,88.5,270.0
```

图 3-9　实验 7 运行截图(3) 输入不存在的姓名

参考代码 2

```c
/*
功能:学籍管理系统学生信息维护之删除学生信息(先删除后排序)
输入:待删除学生的学号或姓名
输出:按照顺序输出排序后的学生信息,最后一列为学生的三门课程总成绩
(要求按照班级从小到大,同一班级内按照姓名的先后排序)
*/
#include<stdio.h>
#include<string.h>
int main()
{
    float score[4][3] = {{ 92.5,82.5,96.0},{82.5,87.5,93.5},{97.0,
    84.5,88.5}};
    float total[4] = { 271.0, 263.5, 270.0,0.0},l;
    int cla[4] = {11,12,13},i,j,m,t, del,p,sigh = 0;
                                    //p 是最终输出的学生个数
    char name[4][10] = {{"Zhao"},{"Qian"},{"Sun"}},temp[10];
    char id[4][10] = {"1001","1002","1003"};
    scanf("%s",temp); //获得用户输入的姓名或者学号
    for(i = 0;i<3;i++)
    {
        if(strcmp(name[i],temp) == 0||strcmp(id[i],temp) == 0)
        {
```

```
            del = i; // 记录待删除的学生学号;
            sigh = 1;
            p = 2;
            break;
        }
        else
        {
            del = 3;
            p = 3;
        }
    }
if(del<3)// 对于查找到删除的学生,则依次将后面的信息提前
{
    for(j = del;j< = 2 - del;j + +)
    {
        for(m = 0;m<3;m + +)
        {
            score[3][m] = score[j][m];
            score[j][m] = score[j + 1][m];
            score[j + 1][m] = score [3][m];
        }
        t = cla[j]; //交换班级
        cla[j] = cla[j + 1];
        cla[j + 1] = t;
        strcpy(name[3], name[j]); //交换姓名
        strcpy(name[j], name[j + 1]);
        strcpy(name[j + 1],name[3]);
        strcpy(id[3],id[j]); //交换学号
        strcpy(id[j],id[j + 1]);
        strcpy(id[j + 1],id[3]);
        l = total[j];   //交换总成绩
        total [j] = total [j + 1];
        total [j + 1] = l;
```

```
        }
}
for(i = 0;i<2 - sigh;i + + ) // 先排序,双关键字排序
{
  for(j = 0;j<2 - i;j + + )
  {
      if(cla[j]>cla[j + 1]) // 首先按照班级的先后顺序进行排序
      {
          for(m = 0;m<3;m + + )
          {
              score[3][m] = score[j][m];  //交换成绩和总成绩
              score [j][m] =  score [j + 1][m];
              score [j + 1][m] =  score [3][m];
          }
          t = cla[j]; //交换班级
          cla[j] = cla[j + 1];
          cla[j + 1] = t;
          strcpy(name[3],name[j]);  //交换姓名
          strcpy(name[j], name [j + 1]);
          strcpy(name [j + 1], name [3]);
          strcpy(id[3],id[j]);  //交换学号
          strcpy(id[j],id[j + 1]);
          strcpy(id[j + 1],id[3]);
          l = total[j];
          total [j] =  total [j + 1];
          total [j + 1] = l;
      }
      else
          if(cla[j] = = cla[j + 1])
                          //同一班级内部按照姓名的先后排序
          {
              if(strcmp(name[j],name[j + 1])>0)
              {
                  for(m = 0;m<3;m + + )
```

第
3
章

实
验
内
容

```
            {
                score[3][m] = score[j][m];
                                //交换成绩和总成绩
                score [j][m] = score [j + 1][m];
                score [j + 1][m] = score [3][m];
            }
            t = cla[j]; //交换班级
            cla[j] = cla[j + 1];
            cla[j + 1] = t;
            strcpy(name[3],name[j]);  //交换姓名
            strcpy(name[j], name [j + 1]);
            strcpy(name [j + 1], name [3]);
            strcpy(id[3],id[j]);  //交换学号
            strcpy(id[j],id[j + 1]);
            strcpy(id[j + 1],id[3]);
            l = total[j];
            total [j] = total [j + 1];
            total [j + 1] = l;
            }
        }
    }
    for(i = 0;i<p;i + +)  //输出
{
    printf("% s,% d,% s,",id[i],cla[i],name[i]);
    for(j = 0;j<3;j + +)
    printf("% .1f,",score[i][j]);
    printf("% .1f\n",total[i]);
    }
    return 0;
}
```

运行界面如图 3 - 10,图 3 - 11 和图 3 - 12 所示。

输入待删除的学生学号,运行结果如图 3 - 10 所示。

输入待删除的学生姓名,运行结果如图 3 - 11 所示。

```
1001
1002,12,Qian,82.5,87.5,93.5,263.5
1003,13,Sun,97.0,84.5,88.5,270.0
```

图 3-10　实验 7 运行截图(4) 输入学号

```
Zhao
1002,12,Qian,82.5,87.5,93.5,263.5
1003,13,Sun,97.0,84.5,88.5,270.0
```

图 3-11　实验 7 运行截图(5) 输入姓名

```
Wang
1001,11,Zhao,92.5,82.5,96.0,271.0
1002,12,Qian,82.5,87.5,93.5,263.5
1003,13,Sun,97.0,84.5,88.5,270.0
```

图 3-12　实验 7 运行截图(6) 输入不存在的姓名

输入不存在的学生学号或者姓名,运行结果如图 3-12 所示。

3.8　学籍管理系统学生信息维护之修改一个学生信息——查找功能实现

3.8.1　实验目的

编程实现数组的遍历查找。

3.8.2　实验描述

要求用户输入待修改学生的信息,通过数组遍历找到对应学生信息后,进行修改。

具体要求:

假定程序中已经有三个学生信息了,现在需要修改一个新的学生信息。

①必须用数组来存储学生信息,包括学号、班级、姓名、三门课程的成绩。

②程序只需要输入一个待修改学生的全部信息(除学号之外的信息)。通过学

号寻找学生,找到则修改;若没有找到相关学生,则不予修改,直接输出原有学生排序后的信息(要求按照班级从小到大,同一班级内按照姓名先后排序)。

③已有的三个学生的信息可以在数组初始化时静态赋值,也可以用语句来进行动态赋值。要求这三个学生的信息必须是:

1001,11,Zhao, 92.5,82.5,96.0,271.0

1002,12,Qian, 82.5,87.5,93.5,263.5

1003,13,Sun, 97.0,84.5,88.5,270.0

输入:

学号

班级

姓名

成绩 1

成绩 2

成绩 3

输出:

学号 1,班级 1,姓名 1,成绩 1,成绩 2,成绩 3,总成绩 1

学号 2,班级 2,姓名 2,成绩 1,成绩 2,成绩 3,总成绩 2

学号 3,班级 3,姓名 3,成绩 1,成绩 2,成绩 3,总成绩 3

(注意:输出为修改后的学生信息)

3.8.3 实验分析

1. 基本分析

修改和删除学生信息一样,首先需要找到待修改的学生。在删除学生信息中,我们只考虑到了在已有的少数学生(比如 3 个)中进行查找匹配,用简单的顺序查找即可。但当学生数量比较多的情况下,这种查找方法就显得很麻烦,运算复杂度也大大增加。这时候,可以考虑使用优化的查找算法,比如折半查找法(又称为二分法)、哈希查找法、二叉排序树查找法等。下面介绍常用的折半查找法,对于后两种算法将在《数据结构》等课程中有详细的介绍。

2. 涉及到的课本中的知识点

数组的定义和基本使用参见 3.6.3。

3.8.4 关键点

1. 折半查找法

折半查找法又称二分法查找,是效率较高的一种查找方法,用于对已经排好序列的一组数进行查找。折半查找是一个反复迭代的循环过程,基本思想通过将待查找的数与排序中点元素比较,将查找范围缩小为前半部分或后半部分;再在缩小后的半数范围中,继续将待查找的数与新的中间点元素比较,重复前面的过程直到找到或者不能再缩小范围,程序结束。

下面代码中用整型数组 s[10]中存放已经按照由小到大排好序的一组数,待查找元素为 key,并引入三个整型变量 left=0,right=9,mid=(right+left)/2 分别表示需要查找的起始点、结束点和中间点。这样,按照上面的思路,基本查找过程为:用待查元素 key 与中点元素 s[mid]比较,初始 mid=4;若 key 等于 s[mid],即找到,停止查找;否则,若 key 大于 s[mid],替换下限 left=mid+1,到下半段继续查找;若 key 小于 s[mid],换上限 right=mid−1,到上半段继续查找;如此重复前面的过程直到找到或者 left>right 为止。参考代码如下:

```c
#include <stdio.h>
int main()
{
    int s[10] = {0,1,2,3,4,5,6,7,9,10}; //数组中存放排好序的一组数
    int key,left = 0,right = 9,mid;
    scanf("%d",&key); //输入待查找的数
    while(left <= right) //查找的结束条件
    {
        mid = (left + right)/2;
        if(key == s[mid]) {printf("%d\n",s[mid]);break;}
                                    // key 被找到,结束程序
        else if(key>s[mid]) left = mid + 1; // key 比中间数大,改为下
                                    半部分查找
        else right = mid - 1; // key 比中间数小,改为上半部分查找
    }
    return 0;
}
```

2. 修改与排序的先后问题

本题要求通过学号寻找学生,找到则修改,并输出修改后的重新排序。与 3.7 类似,可以采用两种方法:一种是先修改后排序,即首先使用 3.7.1 中介绍的顺序查找法找到对应的学生信息并修改,然后再使用冒泡或选择法进行排序;另一种则是先排序后修改。逻辑上比第一种方法稍显复杂,即先对学生信息排序,进而使用折半查找法,找到对应学号的信息并进行修改,修改之后需要对学生信息进行重新排序。

3.8.5　参考代码

```
/*
功能:学籍管理系统学生信息维护之修改学生信息
输入:待修改学生的所有信息
int cla[4] 班级
char id[4][10] 学号
float score[4][3];三门课成绩
char name[4][10] 姓名
输出:
通过学号寻找学生,找到则修改,输出修改后的重新排序;若没有找到相关学
生,则不予修改。直接输出原有学生排序后的信息。(要求按照班级从小到
大,同一班级内按照姓名先后排序)
*/
#include<stdio.h>
#include<string.h>
int main()
{
    float score[4][3] = {{ 92.5,82.5,96.0},{82.5,87.5,93.5},{97.0,
    84.5,88.5}};
    float total[4] = { 271.0, 263.5, 270.0,0.0},l;
    int cla[4] = {11,12,13},i,j,m,t;
    char name[4][10] = {{"Zhao"},{"Qian"},{"Sun"}};
    char id[4][10] = {"1001","1002","1003"};
    scanf("%s",&id[3]); //输入待修改学生的学号
    scanf("%d",&cla[3]); //输入待修改学生的班级
```

```
scanf("%s",&name[3]);  //输入插入学生的姓名
for(j=0;j<3;j++) //输入待修改的学生信息
    scanf("%f",&score[3][j]);
total[3] = score[3][0] + score[3][1] + score[3][2];


for(i=0;i<3;i++) // 查找,若找到则修改
{
    if(strcmp(id[i],id[3]) == 0) //根据输入的学号,在已有数组中
    进行查找匹配;若查找到,则修改该学生信息
    {
        cla[i] = cla[3];
        strcpy(id[i],id[3]);
        strcpy(name[i],name[3]);
        for(j=0;j<3;j++)
            score[i][j] = score[3][j];
        total[i] = total[3];
    }
}

for(i=0;i<2;i++)  // 先排序,双关键字排序
{
    for(j=0;j<2-i;j++)
    {
        if(cla[j]>cla[j+1]) // 首先按照班级的先后顺序进行排序
        {
            for(m=0;m<3;m++)
            {
                score[3][m] = score[j][m]; //交换成绩和总成绩
                score[j][m] = score[j+1][m];
                score[j+1][m] = score[3][m];
            }
            t = cla[j]; //交换班级
            cla[j] = cla[j+1];
            cla[j+1] = t;
```

```
                    strcpy(name[3],name[j]); //交换姓名
                    strcpy(name[j], name [j + 1]);
                    strcpy(name [j + 1], name [3]);
                    strcpy(id[3],id[j]); //交换学号
                    strcpy(id[j],id[j + 1]);
                    strcpy(id[j + 1],id[3]);
                    l = total[j];
                    total [j] = total [j + 1];
                    total [j + 1] = l;
            }

        else
            if(cla[j] = = cla[j + 1])   //同一班级内部按照姓名的先后排序
            {
                if(strcmp(name[j],name[j + 1])>0)
                {
                        for(m = 0;m<3;m + + )
                        {
                            score[3][m] = score[j][m]; //交换成绩和总成绩
                            score [j][m] = score [j + 1][m];
                            score [j + 1][m] = score [3][m];
                        }
                        t = cla[j]; //交换班级
                        cla[j] = cla[j + 1];
                        cla[j + 1] = t;
                        strcpy(name[3],name[j]); //交换姓名
                        strcpy(name[j], name [j + 1]);
                        strcpy(name [j + 1], name [3]);
                        strcpy(id[3],id[j]); //交换学号
                        strcpy(id[j],id[j + 1]);
                        strcpy(id[j + 1],id[3]);
                        l = total[j];
                        total [i] = total [j + 1];
                        total [j + 1] = l;
                }
```

```
        }
      }
}


for(i = 0;i<3;i + + ) //输出排序后的结果
{
    printf("%s,%d,%s,",id[i],cla[i],name[i]);
    for(j = 0;j<3;j + + )
    printf("%.1f,",score[i][j]);
    printf("%.1f\n",total[i]);
}

        return 0;
}
```

运行界面如图 3 - 13 和图 3 - 14 所示。

输入一个存在的学号,且更改了成绩信息,运行结果如图 3 - 13 所示。

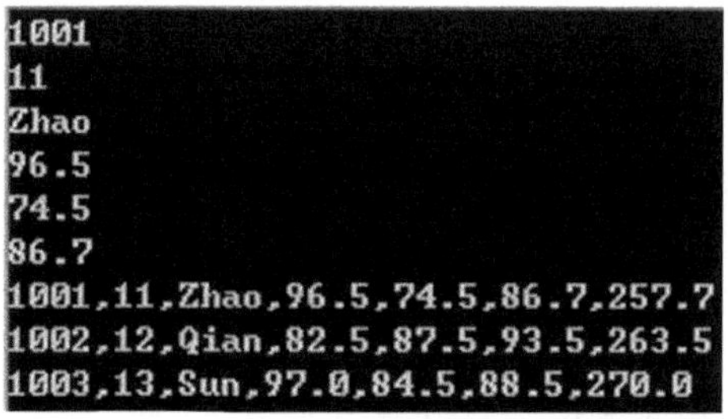

图 3 - 13　实验八运行截图(1) 输入存在的学号

输入一个不存在的学号,运行结果如图 3 - 14 所示。

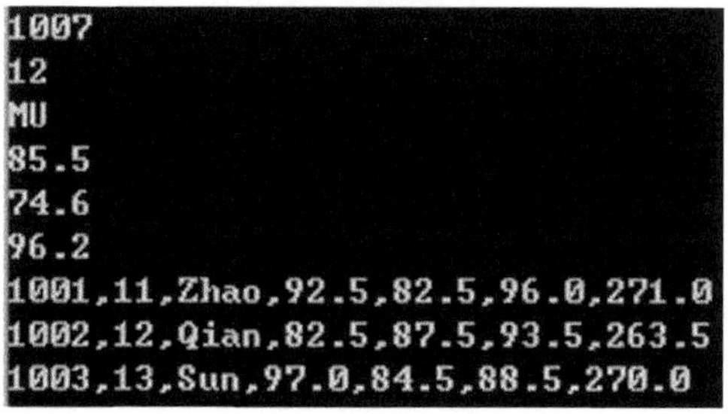

图 3 - 14　实验八运行截图(2) 输入不存在的学号

3.9 学籍管理系统中函数的引入

3.9.1 实验目的

掌握函数的定义和基本调用。

3.9.2 实验描述

编写函数分别实现学生个人成绩的汇总,以及学生成绩的排序。

具体要求:

已有 3 个学生的 3 门课成绩,分别用函数实现以下功能:

(1)计算每个学生的总成绩;

(2)按照学生总成绩从高到低进行排序。

要求:

(1)在 main 函数中分别调用以上函数,按照学生三门课程总成绩从大到小输出学生的相关信息。

(2)函数自行定义。三个学生的信息在程序中直接赋值。三个学生的信息如下:

1001,11,Zhao,92.5,82.5,96.0,271.0

1002,12,Qian,82.5,87.5,93.5,263.5

1003,13,Sun,97.0,84.5,88.5,270.0

程序运行结果如下。

输入:无

输出:

学号 1,班级 1,姓名 1,成绩 1,成绩 2,成绩 3,总成绩 1

学号 2,班级 2,姓名 2,成绩 1,成绩 2,成绩 3,总成绩 2

学号 3,班级 3,姓名 3,成绩 1,成绩 2,成绩 3,总成绩 3

(注意:输出为排序后的学生信息)

3.9.3 实验分析

1. 基本分析

一个 C 程序可由一个主函数和若干个其他函数构成。一个较大的程序可分为若干个程序模块,每一个模块用来实现一个特定的功能。在 C 语言中可以用函数来实现模块的功能。本实验在功能上并没有扩充,只是将之前的成绩汇总和排序要求使用函数来实现。下面给出函数的基本定义和调用方式。

2. 涉及课本上的知识点

(1) 函数的类型

从用户使用的角度看,函数可以分为如下两种。

① 标准函数,即库函数。这是由系统提供的,用户不必自己定义这些函数,可以直接使用它们,例如基本输入和输出函数 printf()、scanf() 就是 C 语言的标准函数。使用标准函数时,需要引入定义这些函数的头文件,printf() 和 scanf() 是在标准输入输出头文件 stdio.h 中给出的。因此通常情况下,需要在 main 函数之前加上 #include<stdio.h>。

② 用户自己定义的函数。C 语言也允许用户自己定义函数,只要在调用之前给出函数的声明,就可以像使用标准函数一样调用自定义的函数。

从函数有无参数来看,函数又可以分为无参函数和有参函数两种。

① 无参函数。无参函数一般用来执行指定的一组操作。在调用无参函数时,主调函数不向被调用函数传递数据。

② 有参函数。主调函数在调用被调用函数时,通过参数向被调用函数传递数据。

(2) 函数的定义

定义无参函数的一般形式为:

类型标识符 函数名()
{
　　声明部分
　　语句部分
}

定义有参函数的一般形式为:

类型标识符 函数名(形式参数表列)
{

声明部分

语句部分

}

其中:函数名后面括号中的变量名称为"形式参数"(简称"形参")。下面我们举例说明。

```c
void fun()  / * 定义无参函数 fun * /
{
    printf("hello\n");
}
int max(int x,int y)/ * 定义有参函数 max,用于求两个整数中的较大值 * /
{
    int z;
    z = x>y ? x:y;
    return(z);
}
```

(3) 函数的调用

函数调用的一般形式为:函数名(实参表列)

对于有参函数的调用,需要在调用的时候传递给被调函数对应的参数,就是函数名后面括号中的参数(简称"实参")。C 程序的执行是从 main 函数开始的,如果在 main 函数中调用其他函数,调用后会返回到 main 函数,在 main 函数中结束整个程序的运行。

实参和形参之间一般是单向"值传递",即数值只能由实参传给形参,而不能由形参传回来给实参。

(4) 函数的返回值

函数的返回值是通过函数语句中 return 语句获得的。函数的返回值应当属于某一个确定的类型,在定义函数时指定函数返回值的类型。除了整型之外,函数的返回值类型也可以是字符型、浮点型等类型。C 语言中也允许定义无返回值的函数,用"void"定义函数为"无类型"(或称"空类型")。此时在函数体中不得出现 return 语句。

(5) 函数的递归调用

C 语言允许在调用一个函数的过程中又出现直接或间接地调用该函数本身,这种调用称为函数的递归调用。递归调用是一个层层嵌套的调用过程,直到满足一定的条件时,才停止递归调用,否则运行该函数将无休止地调用其自身,这显然是不正确的。对于一个具体问题,如果能把它转换为对某一过程或算法的不断重复调用,就可以考虑用递归调用来实现,比如汉诺塔问题就是一个典型的递归调用问题。下面我们看一个简单的例子——求阶乘。

例题 用递归方法求 n!

求阶乘可用下面的递归公式表示:

n! =1,当 n=0,1

     n＊(n−1)! 当 n>1

或表示为

f(n)=1,当 n=0,1

     n＊f(n−1) 当 n>1

可以看到,在计算 n! 时又调用到了(n−1)!,构成递归调用,参考代码如下。

```c
#include <stdio.h>
int main()
{
    long fac(int n); //fac 函数声明
    int n;
    printf("Input n=");
    scanf("%d",&n);
    printf("The result is %d\n", fac(n));
    return 0;
}
long fac( int n ) //递归调用子函数
{
    long f;
    if (n<=1)
        f = 1;
    else
        f = n * fac(n-1);
    return ( f ); //返回阶乘结果
}
```

3.9.4 关键点

1. 变量作用域

在本节之前,所有程序中只包含一个 main 函数,所有的变量都是在 main 函数中被定义的。但从上面的例子中我们看到,一个程序可以包含两个或多个函数,而且在每个函数中都可以定义变量。由此引出一个问题:这些变量可以在任何地方使用么?也就是说,变量的有效使用范围是什么?即变量的作用域。C语言中规定只有在变量的作用域范围内才能使用这个变量。

按作用域,可以将变量分为局部变量和全局变量。在一个函数内部定义的变量被称为局部变量,这种变量的作用域是在本函数范围内。形参就属于局部变量,作用范围在定义它的函数内,在该函数之外是不允许使用的。在函数外部定义的变量称为外部变量,外部变量属于全局变量。全局变量的作用域是从定义变量的位置开始到本源文件结束。

例题 全局变量的作用范围。

```
int x, y; / * 外部变量 * /
float f1(int a) // a是局部变量,仅用于f1函数内部
{ ……
    x = 0;
    ……
}
int main( )
{
    int m, n ; // m, n是局部变量,仅用于main函数内部
    x = 1; // x,y作用范围是整个程序
    y = 2;
    ……
}
```

可以使用extern关键字对要使用的全局变量进行说明。全局变量的作用是使函数间多了一种传递信息的方式。如果在一个程序中各个函数都要对同一个信息进行处理,就可以将这个信息定义成全局变量。但在C语言中要求各模块或函数之间的耦合度要尽量小,所以不建议过多的使用全局变量。

2. 变量的存储类别

对于变量还可以从它们的存储类别来区分,分为静态变量和动态变量,静态变量和动态变量的生存期是不同的。

一个程序中的全局变量全部存储在静态存储区中,其作用范围是从定义它的函数时起作用。但由于它存储在静态存储区,在函数返回时这个静态变量不会被释放,仍然保存它的值。如果再次调用这个函数时,我们就可以直接使用这个保存下来的值。

动态变量存储在动态存储区中,只有在被调用时,才会被分配内存单元。在调用结束后,形参所占的内存单元也被释放,也就意味着在定义形参的函数之外不能使用到该形参。函数定义时的形参、函数体内部定义的局部变量以及函数返回值等都属于动态变量。

以两个数比大小为例,如果引入全局变量来实现,参考代码如下。

```
#include <stdio.h>
int x,y,z; //定义全局变量
int main()
{

    void max();//函数声明
    scanf("%d%d",&x,&y);
    max();
    printf("Max = %d\n",z); //输出较大值
    return 0;
}
void max() //函数定义
{
    if (x<y)
        z = y;
    else
        z = x;
}
```

可以看到,在上面的例子中通过 int x,y,z;语句将 x、y 和 z 定义为全局变量,这样可以在整个程序中使用到变量 x、y 和 z。

3. 数组名作为函数参数

上面的例子中介绍了将简单数据类型作为实参和形参。数组也可以作为函数参数使用,数组作为参数有如下两种途径。

(1) 数组元素作为函数参数

数组元素可以作为函数的实参,与用变量作实参一样,是单向的值传递。我们仍以两个数比大小为例,参考代码如下。

```
#include <stdio.h>
int main()
{
```

```
    int max(int x,int y);
    int a[2],c;
    scanf("%d,%d",&a[0],&a[1]);
    c = max(a[0],a[1]); // 数组元素作为参数
    printf("Max = %d\n",c);
    return 0;
}
int max(int x,int y)
{
    int z;
    z = x>y? x:y;
    return(z);
}
```

(2) 数组名作为函数参数

除了数组元素外,也可以用数组名作为函数参数。只是用数组名作为函数参数时,形参和实参之间不再是简单的"单向值传递",而是"地址传递",即在进行函数调用时实参传递给形参的是一个数组的地址。这样的话,被调函数被允许对该数组的内存进行直接读、写操作,在被调函数返回时,数组元素的值也随之改变。仍以两个数比较大小为例,用数组名作为函数参数,代码可以改写为如下形式。

```
#include <stdio.h>
int main()
{
    int max(int x[2]);
    int a[2],c;
    scanf("%d,%d",&a[0],&a[1]);
    c = max(a); // 数组名作为参数
    printf("Max = %d\n",c);
    return 0;
}
int max(int x[2])
{
    int z;
    z = x[0]>x[1]? x[0]:x[1];
    return(z);
```

}

3.9.5 参考代码

```
*/
功能:编写函数分别实现学生个人成绩的汇总,以及学生成绩的排序
输入:无
输出:按照学生总成绩从高到低进行排序
*/
#include<stdio.h>
#include<string.h>
float sum(float a, float b,float c); // 成绩汇总函数声明
void sort(float score[4][4],int cla[4],char name[4][10]);
                                              //排序函数声明
int main()
{
    float score[4][4] = {{ 92.5,82.5,96.0},{82.5,87.5,93.5},{97.0,
    84.5,88.5}};
    int cla[4] = {11,12,13},i,j;
    int id[4] = {1001,1002,1003};
    char name[4][10] = {{"Zhao"},{"Qian"},{"Sun"}};
    for(i = 0;i<3;i++)
    score[i][3] = sum(score[i][0], score [i][1], score [i][2]);
                                        //调用成绩汇总函数
    sort(score, cla, name); //调用排序函数
    for(i = 0;i<3;i++)   //输出排序结果
    {
        printf("%d,%d,%s,",cla[i],id[i],name[i]);
        for(j = 0;j<3;j++)
        printf("%.1f,",score[i][j]);
        printf("%.1f\n", score[i][j]);
    }
    return 0;
}
```

```
float sum(float a, float b,float c)   //成绩汇总函数
{
    float t;
    t = a + b + c;
    return (t);
}
```

```
void sort(float score[4][4],int cla[4],char name[4][10])
                                          //成绩排序函数
{
    int i,j,m,n;
    for(i = 0;i<2;i + +) //排序
    {
        for(j = 0;j<2 - i;j + +)
        {
            if(score[j][3]<score[j + 1][3])
            {
                for(m = 0;m<4;m + +) //交换成绩
                {
                    score [3][m] = score [j][m];
                    score [j][m] = score [j + 1][m];
                    score [j + 1][m] = score [3][m];
                }
                cla[3] = cla[j]; //交换班级
                cla[j] = cla[j + 1];
                cla[j + 1] = cla[3];
                strcpy(name[3], name [j]); //交换姓名
                strcpy(name [j], name [j + 1]);
                strcpy(name [j + 1], name [3]);
            }
        }
    }
}
```

运行界面如图 3-15 所示。

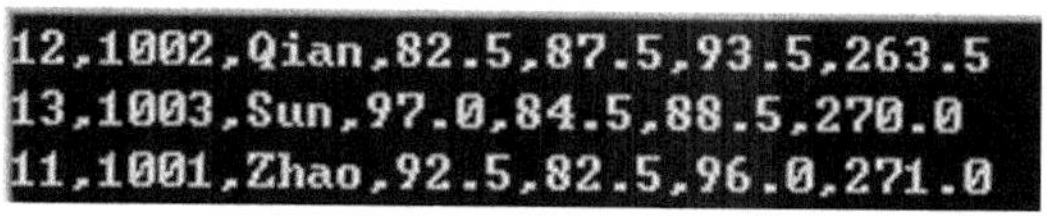

```
12,1002,Qian,82.5,87.5,93.5,263.5
13,1003,Sun,97.0,84.5,88.5,270.0
11,1001,Zhao,92.5,82.5,96.0,271.0
```

图 3-15　实验九运行截图

3.10　学籍管理系统的学生信息输出——字典序输出和指针的应用

3.10.1　实验目的

掌握指针的定义和基本使用。

3.10.2　实验描述

编写函数实现学生姓名的排序,要求用指针作为参数。

具体要求:

编写函数 sort 实现按照姓名的排序,在 main 函数中调用 sort 函数,按照姓名先后(字典序)输出学生的各项信息。

要求:

(1)sort 函数自行定义,要求用指针作为参数。

(2)三个学生的信息在程序中直接赋值。三个学生的信息如下:

1001,11,Zhao,92.5,82.5,96.0,271.0

1002,12,Qian,82.5,87.5,93.5,263.5

1003,13,Sun,97.0,84.5,88.5,270.0

输入:无

输出:

学号 1,班级 1,姓名 1,成绩 1,成绩 2,成绩 3,总成绩 1

学号 2,班级 2,姓名 2,成绩 1,成绩 2,成绩 3,总成绩 2

学号 3,班级 3,姓名 3,成绩 1,成绩 2,成绩 3,总成绩 3

(注意:输出为排序后的学生信息)

3.10.3　实验分析

1. 基本分析

为什么要引入指针？在回答这个问题之前,首先需要明白指针与地址的关系。在讲变量的存储时,我们提到了静态存储和动态存储。实际上,变量定义后,在对程序进行编译时,系统就为其分配内存单元。在内存区的每一个字节有一个编号,这就是“地址”。换句话说,对于变量的所有操作就是对内存的读、写。

对变量的操作分为“直接访问”和“间接访问”两种。按变量地址存取变量值的方式称为“直接访问”方式,例如下面的语句。

```
int i;
scanf("%d",&i);
printf("%d",i);
```

另一种存取变量值的方式称为“间接访问”的方式,即将变量 i 的地址存放在另一个变量中。在 C 语言中,指针是一种特殊的变量,它是存放地址的。换句话说,一个变量的地址称为该变量的“指针”。相比直接访问而言,指针的运算更快,因为其是直接针对内存空间的操作。

2. 涉及课本上的知识点

(1) 指针的定义

定义指针变量的一般形式为:

数据类型 ＊指针变量名;

指针变量名前面的‘＊’,表示该变量的类型为指针型变量。这里的数据类型可以是前面学过的任何一种数据类型,比如整型、浮点型、字符型等。下面都是合法的定义:

```
float * pointer_3;   //定义一个指向浮点数的指针
char * pointer_4;   //定义一个指向字符的指针
int * id;   //定义一个指向整型的指针
```

(2) 指针的赋值和调用

可以用赋值语句使一个指针变量得到另一个变量的地址,从而使它指向一个该变量,但前提是该变量已经被定义。因为只有被定义,该变量才能在编译的时候分配内存地址。需要用取址符‘&’将其地址取出,赋给指针变量。看下面一个例子:

```
#include <stdio.h>
```

```
int main ( )
{
    int a = 100,b = 10;
    int ∗ p1, ∗ p2;//定义两个整型指针
    p1 = &a;
    p2 = &b;
    printf("%d,%d\n", ∗ p1, ∗ p2);
    printf("%d,%d\n",a,b);
    return 0;
}
```
运行结果为:

100,10

100,10

在这个程序中,指针 p1 和 p2 分别指向变量 a 和 b,则其对应的值 ∗ p1, ∗ p2 就是 a 和 b 的值。但需要注意的是,C 语言中指针变量中只能存放地址(指针),不允许将一个整数(或任何其他非地址类型的数据)赋给一个指针变量,因为这样做可能导致内存地址的冲突。

(3) 指针的应用示例

下面仍以两个数比较大小为例,来了解指针的使用。

输入 a 和 b 两个整数,按先大后小的顺序输出 a 和 b。

```
#include <stdio.h>
int main()
{
    int ∗ p1, ∗ p2, ∗ p,a,b;
    scanf("%d,%d",&a,&b);
    p1 = &a; //指针初始化
    p2 = &b;
    if(a<b) //交换指针
    {
        p = p1;
        p1 = p2;
        p2 = p;
    }
    printf("Max = %d,Min = %d\n", ∗ p1, ∗ p2);
```

```
        return 0;
    }
```

运行情况如下：

34,56

Max=56,Min=34✓

程序分析：该程序是定义两个指针 p1 和 p2，分别指向 a 和 b。通过指针的交换，使得 p1 始终指向 a 和 b 中的较大值。

3.10.4　关键点

1. 指针与数组

使用指针目的是用来保存某个元素的地址。而数组中包含若干个元素，每个元素在内存中都是被分配地址的，所以指针也可以用来指向数组。对数组而言，数组和数组元素的引用，也同样可以使用指针变量，仅需将数组元素的首地址赋给指针即可。使用指针指向数组元素，能使目标程序占内存少，运行速度快。例如：

```
int a[10];
int *p;
p=&a[0];
```

这里 &a[0] 是数组元素 a[0] 的地址，p=&a[0] 与 p=a 是等价的。

定义了指向数组的指针后，之前通过"数组名＋下标"的数组元素引用，也可以通过指针的运算来实现。常见的指针运算符包括＋、－、＋＋或－－。如果 p 指向数组元素 a[0]，则 p+1 就指向同一数组的下一个元素 a[1]，p+2 就指向 a[2]，以此类推。

归纳而言，引用一个数组元素，可以用以下两种方式中的任何一种。

① 下标法，如 a[i] 形式；

② 指针法，如 *(a+i) 或 *(p+i)。

使用指针实现对数组元素的输出。

```
#include <stdio.h>
int main()
{
    int a[10];
    int *p,i;
    for(i=0;i<10;i++)
        scanf("%d",&a[i]);
```

```
        for(p = a;p<(a + 10);p + + )
            printf("%d\n",* p);
        return 0;
    }
```

2. 指针与字符串

前面讲过,C 语言中是用字符数组来表示字符串的。引入指针之后,字符串的定义和调用增加了一种途径——字符指针。C 语言中许多字符串操作都是由指向字符数组的指针及指针的运算来实现的,使用指针对字符串的处理更为灵活方便。字符指针和字符串的使用如下所示。

char str[10]= "hello",* sp;

sp=str; //字符指针指向数组 str

这样字符串与指针的关系实际上就是字符数组与指针的对应关系。

编写程序将输入的字符串输出。

```
#include <stdio.h>
int main( )
{
    char s[80];
    char * pt;
    pt = s;  //将 pt 指向字符数组 s 的首地址
    scanf("%s",s);// 输入字符串
    printf("%s\n",pt);
    return 0;
}
```

运行结果如下:

hello

hello

3. 指针变量作为函数参数

函数的参数不仅可以是整型、浮点型、字符型等数据,也可以是指针类型,在 C 语言中指针的一个重要作用就是在函数间传递数值。指针作为函数参数,传递的不是值,而是地址。这个和使用数组名作为函数参数进行"地址传递"是类似的。下面仍以两个数比较大小为例,了解指针作为函数参数的用法。

例题 输入 a 和 b 两个整数,按先小后大顺序输出。

```
#include <stdio.h>
```

```
#include <string.h>
int main()
{
    void exch(int * p1,int * p2); // 函数声明
    int x,y;
    int * p1, * p2; //指针定义
    scanf("%d,%d",&x,&y);
    p1 = &x; //指针初始化
    p2 = &y;
    if(x>y)// 两个数字比大小
        exch(p1,p2); //函数调用
    printf("%d,%d", * p1, * p2);
    return 0;
}

void exch(int * pp1,int * pp2) //函数定义
{
    int temp;
    temp = * pp1;
    * pp1 = * pp2;
    * pp2 = temp;
}
```

运行结果：

34,12

12,34

程序分析：

本程序中 exch 是用户自定义函数，它的作用是交换两个指针所指向的值。exch 函数的两个形参 pp1 和 pp2 定义为两个指针，程序执行时由实参指针 p1 和 p2 赋值后，分别指向整数 x 和 y。在 exch 函数中两个指针的值交换，返回后 main 函数输出交换后的 x 和 y。但如果将 exch 中的交换变为下面语句：

```
void exch(int * pp1,int * pp2) //函数定义
{
    int * temp;
    temp = pp1; // 交换指针
```

```
        pp1 = pp2;
        pp2 = temp;
    }
```

则交换的是形参 pp1 和 pp2 指针,返回后实参 p1 和 p2 并没有得到交换,也就无法得到正确的输出结果,这个对于指针的初学者是比较容易出错的。

3.10.5　参考代码

```
/ *
    功能:编写函数 sort 实现按照姓名的排序,使用指针作为参数,实现学生信息
的有序输出。
    输入:无
    输出:按照姓名先后输出学生的各项信息。
* /
#include<stdio.h>
#include<string.h>
void sort(char ( * name)[10],int ( * cla), int ( * id),float ( * score)
[4]);//函数声明
int main()
{
    float score[4][4] = {{ 92.5,82.5,96.0},{82.5,87.5,93.5},{97.0,
    84.5,88.5}};
    int cla[4] = {11,12,13},i,j;
    int id[4]  = {1001,1002,1003};
    char name[4][10] = {{"Zhao"},{"Qian"},{"Sun"}};
    for (i = 0; i<3; i + +)
        score[i][3] = score[i][0] + score[i][1] + score[i][2]
    sort(name,cla,id,score); //函数调用,用数组名作为形参
    for(i = 0;i<3;i + +)   //输出排序结果
    {
        printf("% d,% d,% s,",cla[i],id[i],name[i]);
        for(j = 0;j<3;j + +)
        printf("% .1f,",score[i][j]);
        printf("% .1f\n", score[i][j]);
```

```
        }
    return 0;
}


void sort(char ( * name)[10],int ( * cla), int ( * id),float ( * score)
[4]) //排序函数定义
{
    char s[10];
    float p[4];
    int q,i,j,n;
    for(i = 0;i<2;i + + )
    {
        for(j = i + 1;j<3;j + + )
        {
            if(strcmp(name[i],name[j])>0)
            {
                for(n = 0;n<10;n + + ) //交换姓名
                {
                     * s = * (name[i] + n);
                     * ( name [i] + n) = * ( name [j] + n);
                     * ( name [j] + n) = * s;
                }
                q = id[i];   //交换学号
                id [i] = id [j];
                 id [j] = q;
                q = cla[i];   //交换班级
                cla [i] = cla [j];
                cla [j] = q;
                for(n = 0;n<4;n + + ) //交换成绩
                {
                     * p = * (score[i] + n);
                     * ( score [i] + n) = * ( score [j] + n);
                     * ( score [j] + n) = * p;
                }
```

```
              }
          }
      }
  }
```
运行界面如图 3 – 16 所示。

```
12,1002,Qian,82.5,87.5,93.5,263.5
13,1003,Sun,97.0,84.5,88.5,270.0
11,1001,Zhao,92.5,82.5,96.0,271.0
```
图 3 – 16　实验十运行截图

3.11　学籍管理系统的学生信息管理——使用结构体

3.11.1　实验目的

实现学生信息的集中存储和管理,简化程序的数据结构和算法。

3.11.2　实验描述

之前的程序,每个学生都包含多种信息,比如姓名、班级、多门课程的成绩等。实现时,需要定义多个数组分别存储。同时,在进行排序操作需要交换时,要把所有数组相关的项都进行交换。实践中发现同学们这里非常容易出错,很多时候就因为少交换一个数组的内容,运行结果就会出错。本实验应用新学习的结构体数据结构,实现每个学生信息的集中存储,并通过结构体数组的应用来简化排序等操作的算法,提高程序的正确性。

具体要求:

使用结构体数组来存储学生相关信息,并实现学生信息的输入、排序和输出功能。用户依次输入三个学生的学号和对应的三门课程成绩,要求输入学号为 4 位自然数,注意高位不能为 0 ,每门课程的成绩为 2 位整数、1 位小数,最后按班级从小到大,班级内总成绩从大到小的顺序输出。

输入:

Zhao

11

1001

92.5

82.5

96.0

Qian

12

1002

82.5

87.5

93.5

Sun

13

1003

97.0

84.5

88.5

输出：

Zhao	11	1001	92.5	82.5	96.0	271.0
Qian	12	1002	82.5	87.5	93.5	263.5
Sun	13	1003	97.0	84.5	88.5	270.0

3.11.3 实验分析

1. 基本分析

此程序中算法部分之前都已经实现过，重点在于修改数据结构为结构体数组，并在结构体数组下进行信息输入、排序和输出等操作。

2. 涉及课本上的知识点

(1) 结构体

结构体是最常见的组合型数据结构，就是可以把不同类型的数据封装在一个数据结构中。结构体的应用，需要把握好下面几点：结构体类型定义，结构体变量定义和结构体的引用。

不同于一般的数据结构，结构体类型是用户可以自定义的类型。因此，应用时首先需要定义结构体类型。其形式为：

struct 结构体名

{

　　　　成员列表；

};

定义了结构体类型，下面就可以定义结构体变量了。有以下几种形式都可以使用。

①定义结构体类型时同时定义变量，其形式为：

struct 结构体名

{

　　　　成员列表；

}结构体变量列表；

这种形式还有一个变种，就是省略结构体名而直接在结构体类型定义后面定义变量。

②先声明类型，再定义变量，其形式为：

　　　　struct student stu1,stu2;

其中，student 是前面定义过的结构体类型。

结构体的引用，包括初始化以及结构体变量的赋值等，主要的形式包括：结构体变量定义时直接初始化，使用大括号形式把结构体的成员逐一赋值；用赋值号对结构体中的成员变量进行赋值；同类型的结构体变量之间互相整体赋值等等。

本例中使用了结构体数组，结构体数组的定义形式为：

struct 结构体名

{成员列表}数组名[数组大小]；

或者也可以像定义结构体变量那样，先定义结构体类型，然后定义结构体数组。

3.11.4　关键点

本例中学生信息使用了结构体数组，并且用的是局部变量的形式，因此排序函数的参数传递就有所讲究。通常这里也存在值传递和地址传递两个选择，但是在本例中，因为排序函数中对结构体数组有修改，因此，只能选择地址传递，即排序函数中的形参是一个指向结构体类型的指针，实参将用结构体数组的名称（也就是结构体数组的首地址，或者说指向结构体数组第一个元素的指针）。这样做，一来达到了地址传递的要求，二来也节省了存储空间。因为结构体数组作为值传递时，将占用大量的空间，而指针变量所占空间却仅仅跟一个整型变量的空间一样。

同时，回顾前面学习过的数组和指针的关系，本例中使用了其中的两点：①数组名同时也是指向数组第一个元素的指针；②指向数组元素的指针变量，也可以用数组的形式对数组元素进行访问。例如,如果 p 是指向数组 a 的基类型的指针,则 p[i]跟 a[i]等价。因此,在排序函数里面,虽然传递进来的是指针变量,使用的形式却完全是数组变量的形式。

3.11.5　参考代码

```
#include "stdio.h"
#define count 3
struct student      //定义结构体类型名称为 student
{
    char name[10];
    int   cla;
    int   id;
    float score1;
    float score2;
    float score3;
    float total;
};


/ *
功能:使用冒泡排序法对结构体数组进行排序
输入:struct student * stu:指向结构体数组首地址的结构体指针变量
    stu_count:结构体数组大小
输出:无
全局变量:无
* /

void sort(struct student * stu,int stu_count)
{
    int j,i;
    struct student temp;
    for(j = 0; j<stu_count - 1; j + + )
        for (i = 0; i<stu_count - 1 - j; i + + )
        {
```

```
            if(stu[i].cla>stu[i+1].cla)
            {
                temp = stu[i];
                stu[i] = stu[i+1];
                stu[i+1] = temp;
            }
            else if(stu[i].cla = = stu[i+1].cla)
            {
                if(stu[i].total<stu[i+1].total)
                {
                    temp = stu[i];
                    stu[i] = stu[i+1];
                    stu[i+1] = temp;
                }
            }

        }
}
int main()
{
    int i;
    struct student stu[count];   //定义结构体数组
    for(i = 0; i <count; i++)
    {
        scanf("%s%d%d%f%f%f",stu[i].name,&stu[i].cla,&stu[i].
        id,&stu[i].score1,&stu[i].score2,&stu[i].score3);
         stu[i].total = stu[i].score1 + stu[i].score2 + stu[i].
score3;
    }
    sort(stu,count);   //调用排序函数,实参分别是结构体数组名称和结
构体数组大小

    for(i = 0; i <count; i++)
    printf("%s\t%d\t%d\t%.1f\t%.1f\t%.1f\t%.1f\n",stu[i].name,
```

stu[i].cla,stu[i].id,stu[i].score1,stu[i].score2,stu[i].score3,stu
[i].total);
}
运行界面如图 3-17 所示。

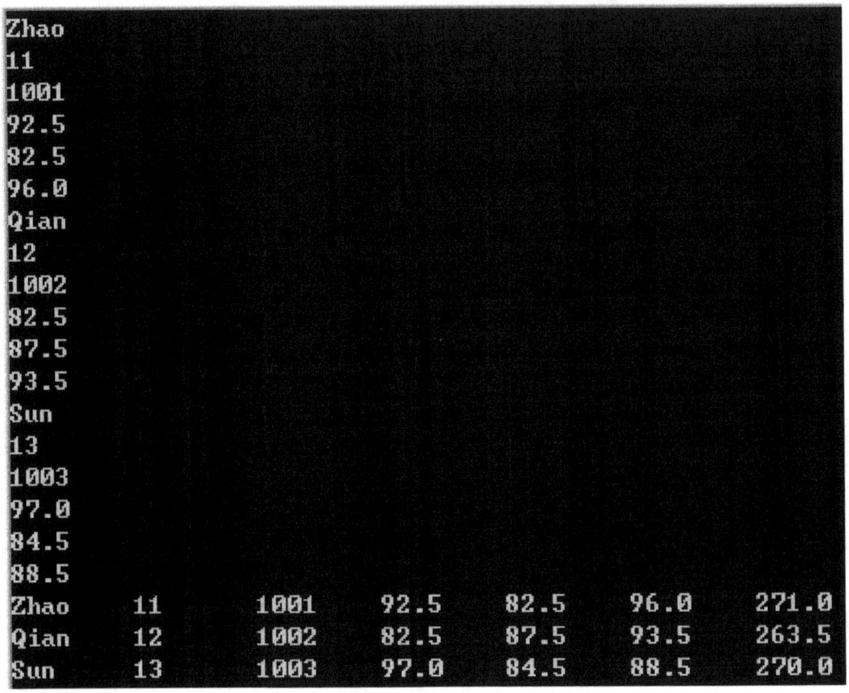

图 3-17　实验十一运行截图

3.12　学籍管理系统的数值计算——成绩分析

3.12.1　实验目的

C 语言程序有很大一部分都属于数值计算类型。数值计算,尤其是复杂一些或者精度要求比较高的浮点运算程序,编写起来是有一定难度的。0.111…这样类型的二进制数,所能表达的精确的浮点数只能是 1/2,1/4,1/8 以及这些浮点数的和(1/2+1/4,1/2+1/16 等)。其他浮点数只能存储一个近似值。比如,32 位计算机中 0.3 在内存中的存储形式为 16 进制数 3e99999a,即二进制的 00111110

10011001 10011001 10011010。按照 IEEE 754 浮点数标准,上面的二进制数,其符号位为正,阶码为 125,尾数为二进制的 1.00110011001100110011010,这个二进制浮点数的真值为 0.010011001100110011010,可以看出这个数非常接近 0.3 但不等于 0.3。关于 IEEE 754 标准,读者可以参阅相关的信息,这里不详细论述。本实验的目的就是编写一定复杂程度的浮点数数值运算程序。

3.12.2 实验描述

用户从键盘输入 3 个学生的信息,程序计算三个学生总成绩的平均成绩及其方差和标准差。

具体要求:

输入:

Zhao

11

1001

92.5

82.5

96.0

Qian

12

1002

82.5

87.5

93.5

Sun

13

1003

97.0

84.5

88.5

输出:

268.2

33.2

5.8

3.12.3　实验分析

1. 基本分析

数值计算程序会使用各种不同的数学函数,常见的数学函数都包含在 math. h 头文件中,因此在源文件中要包含这个头文件。方差描述随机变量对于数学期望的偏离程度,其计算公式为偏离平方的均值。若三个学生的总成绩分别是 x1,x2,x3,其平均成绩为 x,则方差计算公式为:$((x1-x)^2+(x2-x)^2+(x3-x)^2)/3$,标准差就是方差的平方根。因此,本程序需要使用的数学函数有平方和平方根。

2. 涉及的 C 语言知识点

(1) 浮点数

浮点数可以理解为带小数的数。计算机中,浮点数是以指数形式存储在内存中的,只要相应改变指数部分大小,小数点的位置就可以浮动,因此称为浮点数。在前面提到的 IEEE 754 标准中,规定尾数部分必须以整数 1 打头,因此尾数都是 1. xxxxxxx…的形式。根据精度要求,C 语言程序设计中可以使用多种浮点数类型,常规地包括单精度浮点数 float 和双精度浮点数 double 两种。这两种类型的浮点数存储时占据的内存字节数不一样,float 占据 4 个字节,而 double 占据 8 个字节。float 可以有 6 位有效数字,所能表示的数值范围为 -3.4×10^{-38} 到 3.4×10^{38}。double 可以有 15 位有效数字,所能表示的数值范围为 -1.7×10^{-308} 到 1.7×10^{308}。

(2) 数学函数

数学函数属于系统函数的一类,通过头文件 math. h 引入。本例中主要用到两个函数,一个是 pow 函数,功能是求幂次方;另外一个是 sqrt 函数,功能是求平方根。

pow 函数的原型是:

extern float pow(float x, float y);

具体功能是求 x 的 y 次方,并将结果返回。

sqrt 函数的原型是:

extern double sqrt(double x);

具体功能是求 x 的平方根,并将结果返回。

3.12.4　参考代码

```
#include "stdio.h"
```

```
#include "math.h"

#define count 3

struct student {
    char name[10];
    int   cla;
    int   id;
    float score1;
    float score2;
    float score3;
    float total;
} stu[count];

int main(int argc, char * argv[])
{
    int i;
    float s1 = 0.0, s2 = 0.0, s = 0.0;
    for(i = 0; i < count; i++)

    scanf("% s % d % d % f % f % f", stu[i]. name, &stu[i]. cla, &stu[i]. id,
    &stu[i]. score1, &stu[i]. score2, &stu[i]. score3);
    for(i = 0; i < count; i++)
    {
      stu[i]. total = stu[i]. score1 + stu[i]. score2 + stu[i]. score3;
      s1 += stu[i]. total;
    }
    s1 /= 3;

    for(i = 0; i < count; i++)
    {
        s2 += (stu[i]. total - s1) * (stu[i]. total - s1);
    }
```

```
        s = sqrt(s2);
        printf("%.1f\n%.1f\n%.1f\n",s1,s2,s);
        return 0;
}
```

运行界面如图 3 - 18 所示。

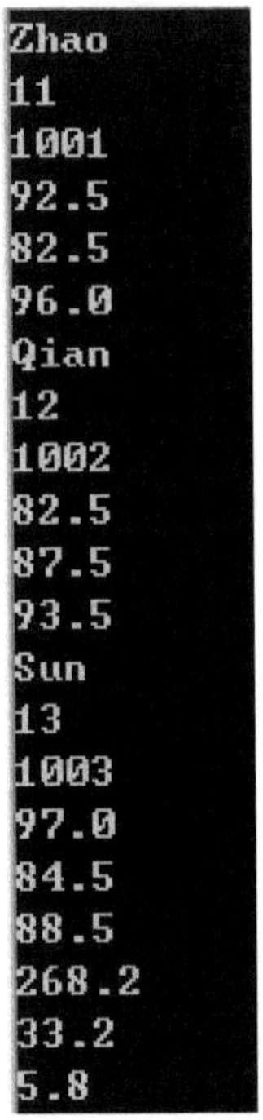

图 3 - 18　实验十二运行截图

3.13　学籍管理系统的变量组织——全局变量和局部变量

3.13.1　实验目的

从前面的实验可以看到,无论学生信息选取链表(链表在 3.15 中详细介绍,建议读者做完 3.15 实验后再来看本实验中链表相关的部分)来存储,还是选取数组来存储,都需要考虑一个问题:是用全局变量存储还是局部变量存储? 显然,使用全局变量方便,模块化编程时不用考虑各个函数之间的参数传递(包括传进传出),缺点是函数的耦合性稍强,除了考虑函数的输入输出参数,还要考虑全局变量的影响。同时,全局变量在程序开始执行时就分配了空间,直到程序结束退出时才释放,对内存的利用率不高。全局变量也会降低程序的可靠性和通用性。相反,局部变量只在函数执行时才会分配空间,函数调用结束空间立即释放。只使用局部变量的函数内聚性强,耦合性弱,程序移植性好。为了体验各种变量存储方式及其对编程的影响,本书设计了这个全局变量和局部变量的实验。

3.13.2 实验描述

用户从键盘输入选项,第一个选项是使用全局变量数组,第二个选项是使用局部变量数组,第三个选项是使用局部变量链表,然后输入 3 个学生的信息,程序调用函数实现总成绩从大到小的排序并输出。

具体要求:

输入

1 (2 或者 3)

Zhao

11

1001

92.5

82.5

96.0

Qian

12

1002

82.5

87.5

93.5

Sun

13

1003

97.0

84.5

88.5

输出

1. Global Variable Style

2. Local Variable Style

3. Local Link Style

please input your option

1001,11,Zhao,92.5,82.5,96.0,271.0

1003,13,Sun,97.0,84.5,88.5,270.0

1002,12,Qian,82.5,87.5,93.5,263.5

3.13.3 实验分析

全局变量情况下,编程比较简单。局部变量情况下,就要仔细设计函数的入参和输出了。通常情况下,可以有几个考虑:①如果子函数中不需要对主函数中的变量进行修改,则简单用值传递即可;②如果子函数中需要对主函数中的变量进行修改,则一是可以考虑用地址传递,就是把主函数中的变量的地址传递给子函数,在子函数中对该地址的值进行赋值修改;二是可以考虑把最后修改的变量的值作为子函数的返回值传递给主函数中的变量;③如果主函数中定义的就是一个指针变量,且子函数中对这个变量的值(指针指向的地址)还要进行修改,则一是可以考虑把指针变量的地址(地址的地址)传递给子函数,二是可以考虑把最后修改的指针变量的地址作为子函数返回值传递给主函数。注意:使用返回值传递值的方式只适用于一个变量的情况,多变量情况下只能使用参数的地址传递方式。

3.13.4 关键点

这个程序使用了菜单项,所谓菜单项,就是程序给用户提供的功能选择界面。通常这个功能都在主程序中实现,使用 switch-case 语句结构。第二个关键点是采用局部链表存储结构时,注意函数参数的设计。

3.13.5 参考代码

```
#include <stdio.h>
#include <string.h>
#include <malloc.h>
#define LEN sizeof(struct student)
```

```
/*
链表存储时所用的结构体类型定义
*/
struct student
{
    char Id[10];
    int  cla;
    char name[10];
    float score1;
    float score2;
    float score3;
    float total;
    struct student * next;
}
/*
数组存储时所用的结构体类型定义
无论是全局变量还是局部变量都使用同一个结构体类型定义
*/
struct stu_2
{
    char Id[10];
    int  cla;
    char name[10];
    float score1;
    float score2;
    float score3;
    float total;
} stu[3];
/*
功能:使用选择排序法对链表进行排序
输入: head:链表头指针
      count:链表节点个数
输出:无
```

全局变量:无

*/

```c
void sort(struct student * head,int count)
{
    struct student temp, * p, * p1, * p2, * p3;
    int i,j;
    if(count < = 1) return;
    p = head;
    for(i = 0; i<count - 1; i + + ,p = p - >next)
                        //外层循环等于 N-1 次,count 是链表中节点个数
    {
        p2 = p;  //p2 保存当前节点指针,相当于原选择排序中的 k = i
        p1 = p - >next;    //p1 初值为当前比较节点的下一个节点
        while(p1! = NULL)  //内循环遍历当前节点之后的所有节点
        {
//根据排序要求测试,并记录最大或者最小的节点的指针到 p2 中
            if(p1 - >total>p2 - >total) p2 = p1;
            p1 = p1 - >next; //遍历下一个节点
        }
        if(p2! = p) //如果找到的最大或者最小节点就是当前节点,则不
                        交换,否则交换
        {
            temp = * p2; //两个节点的值直接交换,使用 temp 作为临时
                        暂存
            * p2 = * p;
            * p = temp;
            p3 = p2 - >next; //因为两个节点在链表中,同时需要交换其
                            next 指针的值
            p2 - >next = p - >next; //这里使用 p3 作为临时暂存
            p - >next = p3;
        }
    }
}
```

```
/ *
功能:使用冒泡排序法对数组进行排序
输入：无
输出：无
全局变量:stu 数组   stu[3]
* /
void sort1()
{
    struct stu_2 temp;
    int i,j;
    for(i = 0; i<2; i + +)
        for(j = 0; j<2 - i; j + +)
            if(stu[i].total<stu[i + 1].total)
            {
                temp = stu[i];
                stu[i] = stu[i + 1];
                stu[i + 1] = temp;
            }
}
/ *
功能:使用冒泡排序法对数组进行排序
输入：struct stu_2 * stu:指向要排序数组第一个元素的指针
输出：无
全局变量:无
* /
void sort2(struct stu_2 * stu)
{
    struct stu_2 temp;
    int i,j;
    for(i = 0; i<2; i + +)
        for(j = 0; j<2 - i; j + +)
            if(stu[i].total<stu[i + 1].total)
            {
```

```
                    temp = stu[i];
                    stu[i] = stu[i + 1];
                    stu[i + 1] = temp;
            }
    }

int print(struct student * p)
{
printf("%s,%d,%s,%4.1f,%4.1f,%4.1f,%5.1f\n",p->Id,p->
cla,p->name,p->score1,p->score2,p->score3,p->total);
    return(0);
}
int print1(struct stu_2 * p)
{
printf("%s,%d,%s,%4.1f,%4.1f,%4.1f,%5.1f\n",p->Id,p->
cla,p->name,p->score1,p->score2,p->score3,p->total);
    return(0);
}
/*
功能:学生信息链表存储时输入函数,本函数输入三个学生信息
输入: struct student * head:链表头指针
     int * count:指向链表元素数量变量的指针
输出: struct student * 新的链表头指针
全局变量:无
*/
struct student * input(struct student * head,int * count)
{
    struct student * p, * p1, * p2;
    char ch;
    int i = 0;
    while(i<3)
    {
        p = (struct student * )malloc(LEN);
```

```c
// printf("name");
scanf("%s",p->name);//printf("\n");
// printf("class");
scanf("%d",&p->cla);//printf("\n");
// printf("Id");
scanf("%s",p->Id);//printf("\n");
// printf("score1");
scanf("%f",&p->score1);//printf("\n");
// printf("score2");
scanf("%f",&p->score2);//printf("\n");
//printf("score3");
scanf("%f",&p->score3);//printf("\n");
p->total = p->score1 + p->score2 + p->score3;
p->next = NULL;
if(head = = NULL)
{
    * count = 1;
    head = p;
    p->next = NULL;
}
else
{
    p1 = head;
    p->next = p1;
    head = p;
    ( * count) + +;
}
i + +;
}
return(head);
}
/ *
功能:输出链表中的学生信息
```

输入：struct student ＊head；链表头指针

输出：无

全局变量:无

＊/

```
void output(struct student  * head)
{
    struct student  * p;
    p = head;
    while(p!  = NULL)
    {
        print(p);
        p = p- >next;
    }
}
```

/ ＊

功能:输出全局结构数组中的学生信息

输入：无

输出：无

全局变量:stu 数组   stu[3]

＊/

```
void output1()
{
    int i;
    for(i = 0; i<3; i+ + )
        print1(&stu[i]);
}
```

/ ＊

功能:输出局部结构体数组中的学生信息

输入：struct stu_2 ＊stu;指向局部结构体数组中第一个元素的指针

输出：无

全局变量:无

＊/

```
void output2(struct stu_2  * stu)
```

```
{
    int i;
    for(i = 0; i<3; i++)
        print1(stu+i);
}


/*
功能:释放链表元素所占空间
输入: struct student * head:链表头指针
输出: 无
全局变量:无
*/
void freelist(struct student * head)
{
    struct student * p, * p1;
    p = head;
    while(p! = NULL)
    {
        p1 = p->next;
        free(p);
        p = p1;
    }
}


/*
功能:全局结构体数组存储的主处理函数,包括输入、求总成绩、调用排序函数
和输出函数
输入:无
输出:无
全局变量:stu 数组    stu[3]
*/
void gloarr()
{
```

```
    int i;
    for (i = 0; i<3; i++)
    {
scanf("%s%d%s%f%f%f",stu[i].name,&stu[i].cla,stu[i].Id,&stu
[i].score1,&stu[i].score2,&stu[i].score3);
        stu[i].total = stu[i].score1 + stu[i].score2 + stu[i].
score3;
    }

    sort1();
    output1();
}


/*
功能:局部结构体变量存储的主处理函数,包括输入、求总成绩、调用排序函数
和输出函数
    输入:struct stu_2 * stu:指向局部结构体数组第一个元素的指针
    输出: 无
    全局变量:无
*/
void locarr(struct stu_2 * stu)
{
    int i;
    for (i = 0; i<3; i++)
    {
        scanf("%s%d%s%f%f%f",stu[i].name,&stu[i].cla,stu[i].
Id,&stu[i].score1,&stu[i].score2,&stu[i].score3);
        stu[i].total = stu[i].score1 + stu[i].score2 + stu[i].
score3;
    }

    sort2(stu);
    output2(stu);
```

```c
}

void menu()
{
    printf("1.Global Variable Style\n");
    printf("2.Local Variable Style\n");
    printf("3.Local Link Style\n");
    printf("please input your option\n");
}

int main()
{
    struct stu_2 st[3], * p;
    int choice;
    int count = 0;
    struct student * head = NULL;
    p = st;
    menu();
    scanf("%d",&choice);
    switch(choice)
    {
    case 1:
        gloarr();
        break;
    case 2:
        locarr(p);
        break;
    case 3:
        head = input(head,&count);
        if(count >= 1)
        {
            sort(head,count);
            output(head);
```

```
        freelist(head);
    }
    break;
}
return(0);
}
```

运行界面：

选项 1 运行结果如图 3 - 19 所示,选项 2 运行结果如图 3 - 20 所示,选项 3 运行结果如图 3 - 21 所示。

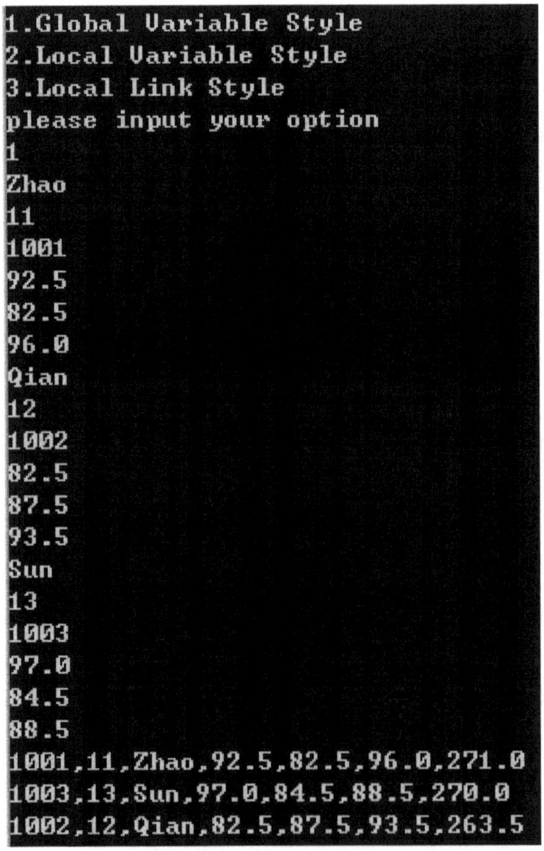

图 3 - 19　实验十三运行截图 (1) 选项 1

```
1.Global Variable Style
2.Local Variable Style
3.Local Link Style
please input your option
2
Zhao
11
1001
92.5
82.5
96.0
Qian
12
1002
82.5
87.5
93.5
Sun
13
1003
97.0
84.5
88.5
1001,11,Zhao,92.5,82.5,96.0,271.0
1003,13,Sun,97.0,84.5,88.5,270.0
1002,12,Qian,82.5,87.5,93.5,263.5
```

图 3-20　实验十三运行截图（2）选项 2

```
1.Global Variable Style
2.Local Variable Style
3.Local Link Style
please input your option
3
Zhao
11
1001
92.5
82.5
96.0
Qian
12
1002
82.5
87.5
93.5
Sun
13
1003
97.0
84.5
88.5
1001,11,Zhao,92.5,82.5,96.0,271.0
1003,13,Sun,97.0,84.5,88.5,270.0
1002,12,Qian,82.5,87.5,93.5,263.5
```

图 3-21　实验十三运行截图（3）选项 3

3.14 学籍管理系统的递归——递归式排序

3.14.1 实验目的

递归算法简洁、易懂且易于维护,是程序设计中尤其是算法设计中非常重要的方法。学籍管理系统中本来没有特别需要设计递归算法的地方,但是为了熟悉递归算法的特点,我们设计了这个递归式排序的实验。

3.14.2 实验描述

用户从键盘输入 3 个学生的信息,程序调用一个递归函数实现总成绩从大到小的排序并输出。

具体要求

输入:

Zhao

11

1001

92.5

82.5

96.0

Qian

12

1002

82.5

87.5

93.5

Sun

13

1003

97.0

84.5

88.5

输出：

Zhao	11	1001	92.5	82.5	96.0	271.0
Sun	13	1003	97.0	84.5	88.5	270.0
Qian	12	1002	82.5	87.5	93.5	263.5

3.14.3　实验分析

递归算法的关键是所要解决的问题可以描述为一个递归式，即规模为 n 的问题的解法＝若干操作＋规模为 n−1 的问题的解法。虽然排序问题不是经典的递归问题，但是我们也可以换个思路，写出排序问题的递归式。具体可以表示为：10 个学生总成绩的排序问题＝从 10 个学生总成绩找到最大的总成绩并让其排名第一＋其余 9 个学生总成绩的排序问题。

3.14.4　关键点

递归函数的设计有两个关键点：①设置递归结束条件；②递归式的语句表达。同时，由于递归程序调试时容易出现死循环，因此建议调试时可以考虑单步调试。

3.14.5　参考代码

```
#include "stdio.h"
#define count 3    //定义数值常量,增加程序的灵活性

struct student {
    char name[10];
    int  cla;
    int  id;
    float score1;
    float score2;
    float score3;
    float total;
} stu[count];
```

```
/*
功能:对全局结构体数组 stu 中的学生按总成绩进行排序,是递归函数
    每次递归把从 0 到形参 n-1 之间的最小的数,放在 stu[n-1]中
输入:int n:本轮需要排序的学生数量,即从 stu[0]到 stu[n-1]存储了需要
    排序的学生信息
输出:无
全局变量:学生信息全局结构体数组 stu[count]
*/
void sort(int n)
{
    int i,j;
    struct student st0;
    struct student temp = stu[0];
    j = 0;
    if(n == 1) return;    //这里是递归结束条件,设计递归函数时必须
                             注意设置结束条件
    for(i = 0;i < n;i++)
        if(stu[i].total < temp.total)
        {
            temp = stu[i];
            j = i;
        }
    stu[j] = stu[n-1];
    stu[n-1] = temp;
    sort(n-1);    //这里实现递归调用
}
int main()
{
    int i;
    for(i = 0;i < count; i++)
    scanf("%s%d%d%f%f%f",stu[i].name,&stu[i].cla,&stu[i].id,
    &stu[i].score1,&stu[i].score2,&stu[i].score3);
```

```
for(i = 0;i <count; i+ +)
    stu[i]. total = stu[i]. score1 + stu[i]. score2 + stu[i].
    score3;

sort(count);

for(i = 0;i <count; i+ +)

printf("% s\t% d\t% d\t% .1f\t% .1f\t% .1f\t% .1f\n",stu
[i].name,stu[i].cla,stu[i]. id,stu[i]. score1,stu[i]. score2,
stu[i]. score3,stu[i]. total);
}
```

运行界面如图 3 - 22 所示。

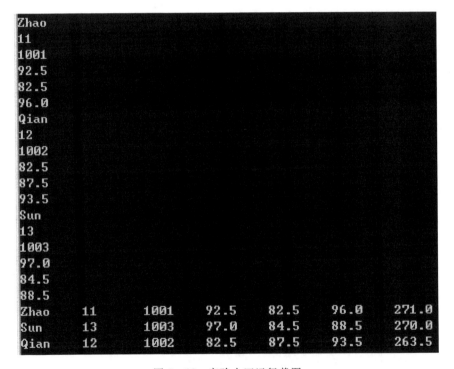

图 3 - 22 实验十四运行截图

3.15 学籍管理系统的信息管理——使用链表

3.15.1 实验目的

目前为止,所有实验均是假定已知学生总数。因此可以在程序中直接用数组来组织学生的信息,数组大小就是学生总数。当学生总数未知但大体可以估计其范围时,仍旧可以使用数组,但是这时数组的大小就要稍微设置得大一些。比如,如果估计学生数量是 100,则可以使用大于 100 的数组,比如 120。这样虽然可以解决问题,但会造成空间的浪费。如果学生总数未知且不能估计其范围时,此时就需要考虑使用链表这种动态数据结构。本实验就是使用动态数据结构的一个具体实例。

3.15.2 实验描述

要求用户从键盘输入若干学生信息,存储在链表中。同时,跟前面的例子一样,实现先按班级从小到大排序,然后班级内按总成绩从大到小排序。

具体要求:

输入:

Zhao

11

1001

92.5

82.5

96.0

continue?

y

Qian

12

1002

82.5

87.5

93.5

continue?

y

Sun

13

1003

97.0

84.5

88.5

continue?

y

Li

12

1004

95.8

85.6

74.9

continue?

n

输出：

1001	11	Zhao	92.5	82.5	96.0	271.0
1002	12	Qian	82.5	87.5	93.5	263.5
1004	12	Li	95.8	85.6	74.9	256.3
1003	13	Sun	97.0	84.5	88.5	270.0

3.15.3 实验分析

1. 基本分析

本实验中需要使用链表结构来动态存储若干学生信息,学生信息包括多个方面,因此需要使用结构体。同时,链表结构下的排序跟数组下的排序有很大不同,需要考虑新的算法。

2. 涉及的知识点

(1) 链表定义和使用

链表是一种重要的动态数据结构,其简单形式如图 3 - 23 所示。链表结构中,有一个链表头指针,它是一个指针变量,指向链表中第一个元素。链表中的节点通常用结构体类型来表示,主要包括两个部分:一是链表节点需要存储的信息,比如学生的相关信息;二是指向下一个链表节点的指针。最后一个链表节点的下一个节点指针为空(NULL)。

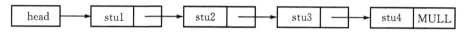

图 3 - 23　简单链表图示

本例中使用下面的结构体来定义链表节点。

```
struct student
{
    char id[10];
    int cla;
    char name[10];
    float score1;
    float score2;
    float score3;
    float total;
    struct student * next;
}
```

其中,next 域就是下一个节点指针。

链表开始时,只有头指针。当申请到内存空间构造好一个节点以后,就需要把该节点插入链表中。删除时也需要把特定节点从链表中删除掉。链表的插入和删除操作的要点是要注意时刻维护指针之间的关系,根据操作前后链表的指针值的变化,合理设计对相关指针的赋值顺序。

下面以链表的插入为例来进行说明,假设要进行的是将一个节点插入到链表头的操作。

初始时,有一个链表,头指针为 head,还有一个孤立节点,由指针 p 指向。则从图 3 - 24 可以看到,插入完成时,head 指向之前 p 指向的节点,而 p 指向的节点的 next 域指向之前 head 指向的节点。p→next = head; head = p;两条语句就可以实现插入的操作。这里注意 head=p;p→next = head;是错误的,因为第一条语句已经修改了 head 的指向,第二条语句的赋值将使 p→next 仍旧指向 p,达不到预期的效果。

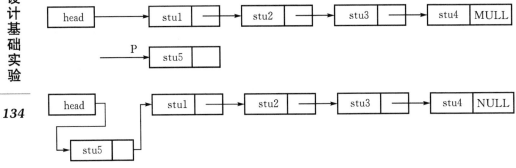

图 3-24 将一个节点插入到链表头

（2）内存分配函数

从程序员的角度来看，计算机中的内存主要分两类：栈和堆。栈就是堆栈空间，主要用来分配局部变量空间，暂存函数调用时的返回地址以及进行参数传递。堆空间是操作系统管理的空间，程序员需要时可以申请，用完删除就可以交还给操作系统。

堆空间的动态申请和释放，与下面两个函数有关：

①void ＊ malloc(unsigned int size)；

这个函数的作用是：在内存的堆区分配一个长度为 size 大小的连续空间，函数返回值为指向该空间的指针。注意：函数原型中返回类型是指向 void 的指针类型，真正调用此函数申请空间时，需要用强制类型转换，将返回指针强制转换为程序员指定的指针类型，否则编译会出错。

②void free(void ＊ p)；

此函数的功能是：释放指针 p 所指向的空间，p 指向的空间应该是最近用 malloc 等内存分配函数得到的空间。

3.15.4 关键点

此程序中，链表的排序是一个关键点。链表排序有两个不同的设计思路。一个是不同于数组排序，链表排序是在链表插入时进行的。也就是说，链表插入完成后，链表就同时完成排序了。另外一个是插入完成后再排序。插入时简单插入到链表头或者链表尾，然后运行变种冒泡算法来排序。鉴于链表中两个节点的交换比较费时,采用选择排序算法应该更好一些。

插入时排序的主要思想是:根据排序要求,从 head 所指向的第一个节点开始,将要插入的节点与当前节点进行比较,若满足条件,则将要插入的节点插入当前节点的前面(即将当前节点的前一个节点的 next 域指向要插入的节点),并将要插入节点的 next 域指向当前节点。这里,因为要将当前节点的前一个节点的 next 域指向要插入的节点,因此在遍历链表时,需要保存当前节点的前一个节点的指针。同时,还要处理将要插入节点插入到第一个节点之前的特殊情况,将要插入节点插入到最后一个节点之后的特殊情况以及链表当前节点数为 0 的特殊情况。

先插入后排序的主要思想:其实就是选择排序,不过是在链表结构下的选择排序的变种。外层循环完成从链表第一个节点到倒数第二个节点的循环,每次取一个做当前节点。循环体内从当前节点的下一个节点开始,依次两两比较,找到最"大"的节点,并与当前节点交换。然后进入下一个外层循环。注意:这里交换时可以有两种方法,一种是链表中的两个节点互换,这里需要最少 4 个 next 域的赋值,还需要若干个临时指针,同时还需要注意赋值的次序。另外一种是本例中采用的,先把两个节点的信息值互换(包括 next 域也互换),然后再把两个节点的 next 域进行恢复。也就是说,算法中只交换信息,next 域需要保持不变。

3.15.5 参考代码

1.插入时排序的源代码

```
# include <stdio.h>
# include <string.h>
# include <malloc.h>

# define LEN sizeof(struct student)
struct student
{
    char id[10];
    int  cla;
    char name[10];
    float score1;
    float score2;
    float score3;
```

```
        float total;
        struct student * next;
    }

int print(struct student * p)
{
    printf("%s\t%d\t%s\t%.1f\t%.1f\t%.1f\t%.1f\n",p->id,p
    ->cla,p->name,p->score1,p->score2,p->score3,p->to-
    tal);
    return(0);
}
int count = 0;    //全局量,表示链表中节点的个数
int main()
{
    struct student * head = NULL;
    struct student * input(struct student * head);
    int output(struct student * head);
    head = input(head);
    output(head);
    return(0);
}
/ *
功能:使用输入时排序对链表进行排序
输入: head:链表头指针
输出:struct student * :新的链表头指针
全局变量:int count:链表节点个数
* /
struct student * input(struct student * head)
{
    struct student *p, *p1, *p2;
    char ch;
    while(1)
    {
```

```
p = (struct student * )malloc(LEN);
scanf("%s",p->name);
scanf("%d",&p->cla);
scanf("%s",p->id);
scanf("%f",&p->score1);
scanf("%f",&p->score2);
scanf("%f",&p->score3);
p->total = p->score1 + p->score2 + p->score3;
p->next = NULL;    //p 指针指向要插入节点
if(head = = NULL)    //链表为空,直接让 head 指向要插入节点
{
    count = 1;head = p;p->next = NULL;
}
else
{
    p1 = head;   //p1 从 head 开始遍历链表,指向当前节点
    while(p1! = NULL)
    {
      count + + ;//计数器加 1,本例中 count 是全局变量
      if((p1->cla>p->cla) ||( (p1->cla = = p->cla)
      && (p1->total<p->total)))
      {
        p->next = p1; //要插入节点的 next 域指向 p1(当前节点)
        if(p1 = = head) head = p;
        //如果要插入第一个节点之前,直接 head 指向要插入节点

        else p2->next = p;
        //否则,当前节点的前一个节点的 next 域指向要插入节点
        break;
      }
      p2 = p1;            //p2 指向当前节点的前一个节点
      p1 = p1->next; //遍历下一个节点
    }
```

```
        }
        if(p1 = = NULL)              //要插入到最后一个节点之后
        {
            p2 - >next = p;          //注意此时 p2 指向最后一个节点
            p - >next = NULL;
        }
        printf("continue? \n");
        fflush(stdin);
        scanf(" % c",&ch);
        if(ch = = 'Y' || ch = = 'y') continue;
        else break;
    }
    return(head);
        //注意:这里采用将新的 head 作为返回值的方式传回主函数
}

int output(struct student * head)
{
    struct student * p;
    p = head;
    while(p! = NULL)
    {
        print(p);
        p = p - >next;
    }
    return(0);
}
```

运行界面如图 3 - 25 所示。

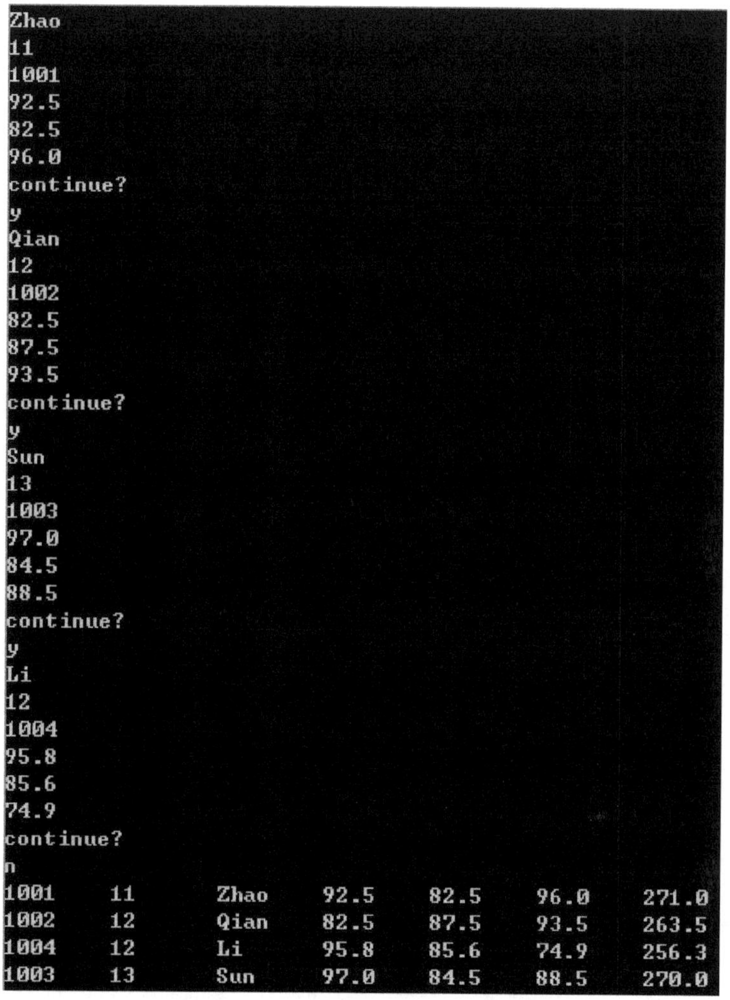

```
Zhao
11
1001
92.5
82.5
96.0
continue?
y
Qian
12
1002
82.5
87.5
93.5
continue?
y
Sun
13
1003
97.0
84.5
88.5
continue?
y
Li
12
1004
95.8
85.6
74.9
continue?
n
1001    11    Zhao    92.5    82.5    96.0    271.0
1002    12    Qian    82.5    87.5    93.5    263.5
1004    12    Li      95.8    85.6    74.9    256.3
1003    13    Sun     97.0    84.5    88.5    270.0
```

图 3－25　实验十五运行截图（1）插入时排序

2.采用冒泡(选择)排序

```c
#include <stdio.h>
#include <string.h>
#include <malloc.h>

#define LEN sizeof(struct student)
struct student
{
```

```
    char id[10];
    int  cla;
    char name[10];
    float score1;
    float score2;
    float score3;
    float total;
    struct student * next;
}
/ *
功能:使用选择排序法对链表进行排序
输入: head:链表头指针
      count:链表节点个数
输出:无
全局变量:无
* /
void sort(struct student * head,int count)
{
    struct student temp, * p, * p1, * p2, * p3;
    int i,j;
    if(count < = 1) return;
    p = head;
    for (i = 0; i<count - 1; i + + ,p = p - >next)
                    //外层循环等于 N - 1 次,count 是链表中节点个数
    {
        p2 = p;  //p2 保存当前节点指针,相当于原选择排序中的 k = i
        p1 = p - >next;    //p1 初值为当前比较节点的下一个节点
        while(p1! = NULL)  //内循环遍历当前节点之后的所有节点
        {
//根据排序要求测试,并记录最大或者最小的节点的指针到 p2 中
            if((p1 - >cla<p2 - >cla) ||( (p1 - >cla = = p2 - >cla)
            && (p1 - >total>p2 - >total)))  p2 = p1;
            p1 = p1 - >next; //遍历下一个节点
        }
```

```
        if(p2! = p) //如果找到的最大或者最小节点就是当前节点,则不
                     交换,否则交换
        {
            temp = * p2; //两个节点的值直接交换,使用 temp 作为临时暂存
            * p2 = * p;
            * p = temp;
            p3 = p2->next; //因为两个节点在链表中,同时需要交换其
                            next 指针的值
            p2->next = p->next; //这里使用 p3 作为临时暂存
            p->next = p3;
        }
    }
}
int print(struct student * p)
{
    printf("%s\t%d\t%s\t%.1f\t%.1f\t%.1f\t%.1f\n",p->id,p
    ->cla,p->name,p->score1,p->score2,p->score3,p->to-
    tal);
    return(0);
}
/*
功能:链表输入,仅简单把新节点插入链表头
输入 : struct student * head:链表头指针
      int * pcount:链表节点个数变量指针
输出 :struct student * : 新的链表头指针
全局变量:无
*/
struct student * input(struct student * head,int * pcount)
{
    struct student * p, * p1, * p2;
    char ch;
    while(1)
    {
        p = (struct student * )malloc(LEN);
```

```
        scanf("%s",p->name);//printf("\n");
        scanf("%d",&p->cla);//printf("\n");
        scanf("%s",p->id);//printf("\n");
        scanf("%f",&p->score1);//printf("\n");
        scanf("%f",&p->score2);//printf("\n");
        scanf("%f",&p->score3);//printf("\n");
        p->total = p->score1 + p->score2 + p->score3;
        p->next = NULL;
        if(head == NULL)
        {
            *pcount = 1;
            head = p;
            p->next = NULL;
        }
        else
        {
            p1 = head;
            p->next = p1;
            head = p;
            (*pcount)++;
        }
        printf("continue? \n");
        fflush(stdin);
        scanf("%c",&ch);
        if(ch == 'Y' || ch == 'y') continue;
        else break;
    }
    return(head);
}
/*
功能:按序输出链表中节点信息
输入: head:链表头指针
输出:int:正常返回时为 0
全局变量:无
```

```
*/
int output(struct student * head)
{
    struct student * p;
    p = head;
    while(p! = NULL)
    {
        print(p);
        p = p->next;
    }
    return(0);
}
/*
功能:释放链表所占用内存
输入: struct student * head:链表头指针
输出:无
全局变量:无
*/
void freelist(struct student * head)
{
    struct student * p, * p1;
    p = head;
    while(p! = NULL)
    {
        p1 = p->next;
        free(p);
        p = p1;
    }
}
int main()
{
    int count = 0;
    struct student * head = NULL;
    head = input(head,&count);
```

```
if(count > = 1)
{
    sort(head,count);
    output(head);
    freelist(head);
}
return(0);
}
```

运行界面如图 3 - 26 所示。

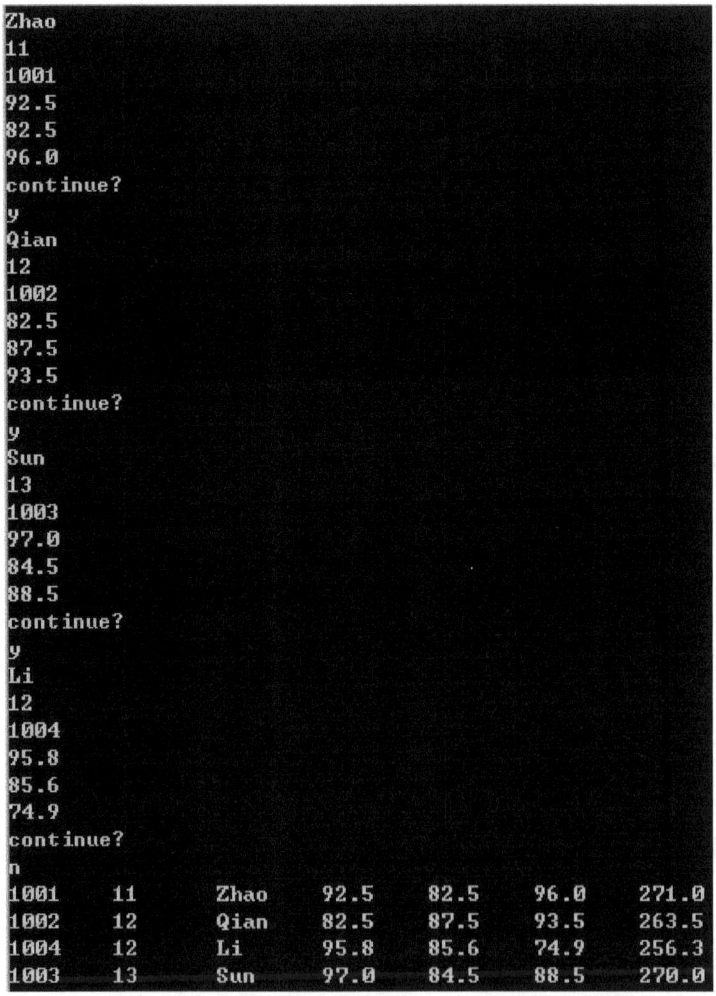

```
Zhao
11
1001
92.5
82.5
96.0
continue?
y
Qian
12
1002
82.5
87.5
93.5
continue?
y
Sun
13
1003
97.0
84.5
88.5
continue?
y
Li
12
1004
95.8
85.6
74.9
continue?
n
1001    11    Zhao    92.5    82.5    96.0    271.0
1002    12    Qian    82.5    87.5    93.5    263.5
1004    12    Li      95.8    85.6    74.9    256.3
1003    13    Sun     97.0    84.5    88.5    270.0
```

图 3 - 26　实验十五运行截图（2）链表选择排序

3.16 学籍管理系统的持久化——文件操作

3.16.1 实验目的

目前为止,所有实验均是由用户键盘输入数据,程序进行处理,得到输出数据,没有涉及任何持久化存储的概念。真正的学籍管理系统,所输入的数据需要持久化存储,也就是保存在文件中。本实验实现学生信息文件的读写功能。这样,程序下次运行时,就可以直接从文件中读取以前输入和处理过的学生信息了。

3.16.2 实验描述

要求程序启动时,从文件中读取以前的信息到内存中(用链表实现)。然后用户可以输入若干新的学生信息,系统检查学号是否有重复。若没有重复,则加入到链表中,并按要求进行排序操作。最后输出排序结果,并把所有学生信息存储到文件中。

注意:本实验要求运行目录下事先存在 student.dat 文件。办法很简单,直接创建一个空文件,命名为 student.dat 即可。

3.16.3 实验分析

1. 基本分析

文件一般有文本文件和二进制文件两种。本实验要实现的是学生各种信息的存储,因此选用二进制文件。同时文件操作涉及到 I/O 操作,因此错误处理比较重要。在各种文件操作后,需要判断之前的操作是否正确完成,才可以进行下一步的操作。

2. 涉及课本上的知识点

(1) 文件操作概念

文件通常有两种:文本文件和二进制文件。文本文件的例子很多,比如源程序文件;二进制文件的例子更多,大多数数据文件都是二进制文件。通常说的文件,一般都指磁盘文件,是可以在计算机断电后永久保留的。因此,把文件存储也叫持久化存储。

从程序员角度来看,进行文件操作时,首先需要一个重要的数据结构 FILE。FILE 结构中存储有文件有关的信息,包括文件名,文件状态等。FILE 结构是文件打开时,由系统创建并把其指针返回给用户的,因此也称为文件指针。

（2）文件操作函数

常用的文件操作函数有:

FILE ＊fopen(char ＊filename,char ＊mode)；

其功能是用某种方式打开一个文件,并返回其文件指针。

int fread(char ＊buf,unsigned size, unsigned n, FILE ＊fp)；

其功能是从 fp 所指向的文件中读取长度为 size 字节的 n 个数据项,存储到 buf 所指向的缓冲区。通常 n 取 1,则 size 就是要读取的字节数。

int fwrite(char ＊buf, unsigned size, unsigned n, FILE ＊fp)；

其功能是把 buf 所指向的缓冲区中的长度为 size 字节的 n 个数据项写入到 fp 所指向的文件中。

3.16.4 关键点

文件操作涉及到较多概念和函数,对这些知识的深刻理解很重要。同时,包含文件操作的程序代码的调试也很重要,因为文件操作时会出现各种各样的问题。下载并安装一个能够观看二进制文件内容的软件会有很大的帮助,比如 ultraedit 等。

3.16.5 参考代码

```
#include <stdio.h>
#include <string.h>
#include <malloc.h>

#define LEN sizeof(struct student)

struct student
{
    char id[10];
```

```c
    int   cla;
    char name[10];
    float score1;
    float score2;
    float score3;
    float total;
    struct student * next;
}
```

```c
/ *
功能:在链表中查找是否存在某学号的学生
输入:head:链表头指针
    char id[]:要查找的学号字符串
输出:0:没有找到
    1:找到
全局变量:无
* /
int search(struct student * head,char id[])
{
    struct student * p;
    p = head;
    while(p!  = NULL)
    {
        if(strcmp(p->id,id) = = 0) return 1;
                //因为学号采用了字符串,因此查找用 strcmp 函数
        p = p->next;
    }
    return 0;
}
```

```c
/ *
功能:使用选择排序法对链表进行排序
```

输入:head:链表头指针

　　count:链表节点个数

输出:无

全局变量:无

注意事项:无

*/

```
void sort(struct student * head,int count)
{
    struct student temp, * p, * p1, * p2, * p3;
    int i;
    if(count < = 1) return;
    p = head;
    for(i = 0; i<count - 1; i + + ,p = p - >next)   //外层循环等于 N - 1
    次,count 是链表中节点个数
    {
        p2 = p;  //p2 保存当前节点指针,相当于原选择排序中的 k = i
        p1 = p - >next;    //p1 初值为当前比较节点的下一个节点
        while(p1! = NULL)  //内循环遍历当前节点之后的所有节点
        {
            //根据排序要求测试,并记录最大或者最小的节点的指针到 p2 中
            if((p1 - >cla<p2 - >cla) ||( (p1 - >cla = = p2 - >cla)
            && (p1 - >total>p2 - >total)))   p2 = p1;
            p1 = p1 - >next; //遍历下一个节点
        }
        if(p2! = p) //如果找到的最大或者最小节点就是当前节点,则不
                        交换,否则交换
        {
            temp = * p2; //两个节点的值直接交换,使用 temp 作为临时暂存
            * p2 =  * p;
            * p = temp;
            p3 = p2 - >next; //因为两个节点在链表中,同时需要交换其
                        next 指针的值
```

```
            p2 - >next = p - >next;  //这里使用 p3 作为临时暂存
            p - >next = p3;
        }
    }
}


int print(struct student * p)
{
    printf("%s,%d,%s,%4.1f,%4.1f,%4.1f,%5.1f\n",p - >id,p -
    >cla,p - >name,p - >score1,p - >score2,p - >score3,p - >to-
    tal);
    return(0);
}


/ *
    功能:从键盘输入新的学生信息到链表中,输入时会检查学号是否重复;若重
复则放弃输入
    输入:head:链表头指针
        int * pcount:指向链表中节点个数变量的指针
    输出:链表头的指针
    全局变量:无
    注意事项:注意形参有链表头指针,但是在函数中对形参 head 所做的任何修
改并不能影响实参,因此需要把最后的链表头指针作为函数返回值
 * /
struct student * input(struct student * head,int * pcount)
{
    struct student * p;
    char ch;
    while(1)
    {
        p = (struct student * )malloc(LEN);
        scanf("%s",p - >name);
```

```
scanf("%d",&p->cla);
scanf("%s",p->id);
scanf("%f",&p->score1);
scanf("%f",&p->score2);
scanf("%f",&p->score3);
p->total = p->score1 + p->score2 + p->score3;
p->next = NULL;
```

//下面代码在链表中查找新输入的学号是否重复,如重复则放弃本
次输入,提示用户,进入下一次输入

```
if(search(head,p->id))
{
    free(p);
    printf("id is duplicated, please re-input!");
    continue;
}
```

//若链表头指针为空,直接把新输入的节点作为第一个节点,节点个
数赋值为1

```
if(head == NULL)
{
    * pcount = 1;
    head = p;
    p->next = NULL;
}
```

//若链表头指针不为空,则直接把新输入的节点插入链表头,节点个
数加1

```
else
{
    p->next = head;
    head = p;
    ( * pcount)++;
}
```

```
            printf("continue? \n");
            //此处清除键盘缓冲区的内容,消除前面输入对后面 scanf 函数的
              影响
            fflush(stdin);
            scanf("%c",&ch);
            if(ch == 'Y' || ch == 'y') continue;
            else break;
        }
        return(head);
}
int output(struct student * head)
{
        struct student * p;
        p = head;
        while(p! = NULL)
        {
            print(p);
            p = p->next;
        }
        return(0);
}


/*
功能:释放 head 为头指针的链表所占内存
输入:head:链表头指针
输出:无
全局变量:无
注意事项:无
*/
void freelist(struct student * head)
{
        struct student * p, * p1;
```

```
    p = head;
    while(p!  = NULL)
    {
        p1 = p->next;
        free(p);
        p = p1;
    }
}


/ *
功能:将 head 为头指针的链表内容存入 student.dat 文件
输入:head:链表头指针
     count:链表节点个数
输出:-1:存储失败
0:存储成功
全局变量:无
注意事项:文件第一个结构体内容除了 cla 域之外没有意义,cla 域用来存储
学生个数,即节点个数
 * /
int save_file(struct student * head,int count)
{
    struct student stu0, * p;
    FILE * fp;
    int i;

    stu0.cla = count;   //这里借用 cla 来存储学生总数
    p = head;
    if (p = = NULL)
    {
        return -1;
    }
    if((fp = fopen("student.dat","wb")) = = NULL)
```

```
    {
        printf("student.dat file can not be opened!");
        return −1;
    }

    if(fwrite(&stu0,sizeof(struct student),1,fp)! = 1)
    {
        printf("student.dat file can not be written!");
        return −1;
    }
    //用单循环依次写入所有存储的学生记录
    for(i = 0; i<count; i + +)
    {
        if(fwrite(p,sizeof(struct student),1,fp)! = 1)
        {
            printf("student.dat file can not be written!");
            return −1;
        }
        p = p−>next;
    }
    fclose(fp);
    return 0;

}
```

```
/ *
功能:将 student.dat 文件中存储的学生信息读入 head 为头指针的链表中
输入:int * pcount:指向链表节点个数变量的指针
输出:所生成链表的头指针
全局变量:无
注意事项:文件第一个结构体内容除了 cla 域之外没有意义,cla 域用来存储
学生个数,即节点个数
```

```
*/
struct student * read_file(int * pcount)
{
    struct student stu0, * p, * p1, * head = NULL;
    FILE * fp;
    int i,readcount = 0;

    if((fp = fopen("student.dat","rb+")) = = NULL)
    {
        printf("student.dat file can not be opened!");
        return NULL;
    }
    if(fread(&stu0,sizeof(struct student),1,fp)! = 1)
    {
        printf("student.dat file can not be read!");
        return NULL;
    }
    * pcount = stu0.cla;

    for(i = 0; i< * pcount; i + + )
    {
        p = (struct student * )malloc(LEN);
        p - >next = NULL;
        //若读入出错,则释放当前新申请内存的指针
        //同时修改节点总数变量为目前已经输入的节点个数
        if(fread(p,sizeof(struct student),1,fp)! = 1)
        {
            free(p);
            * pcount = i;
            printf("student.dat file can not be read!");
            return head;
        }
        if(head = = NULL)
```

```
        {
            head = p;
            p - >next = NULL;
            readcount = 1;
        }
        //若链表头指针不为空,则直接把新输入的节点插入链表头,节点个
          数加 1
        else
        {
            p1 = head;
            p - >next = p1;
            head = p;
            readcount + + ;
        }
    }
    fclose(fp);
    if( * pcount !  = readcount) * pcount  =  readcount;
    return head;

}
int main()
{
    int count = 0;
    struct student * head = NULL;
    head = read_file(&count);   //从文件 student.dat 读入相关学生信
                                    息到链表中
    printf("Current student list is below:\n");
    output(head);//输出当前链表内容
    printf("Please enter info for new student:\n name:\n class:\n id:\
    n math:\n literature:\n English:\n");
    head = input(head,&count);   //键盘输入新的学生信息到链表中
    sort(head,count);   //用选择排序对链表中的学生信息进行排序
    //按班级从小到大,班级内总成绩从大到小的顺序
```

```
    save_file(head,count);  //将链表中所有学生信息写入 student.dat
                            文件
    output(head);                //重新输出链表中所有学生信息
    freelist(head);              //释放链表所占内存空间
    return(0);
}
```

运行界面如图 3 - 27 所示。

```
Current student list ie below:
1003,13,Sun,97.0,84.5,88.5,270.0
1004,12,Li,95.8,85.6,74.9,256.3
1002,12,Qian,82.5,87.5,93.5,263.5
1001,11,Zhao,92.5,82.5,96.0,271.0
Please enter info for new student:
 name:
 class:
 id:
 math:
 literature:
 English:
Zhou
11
1005
88.5
90.0
78.5
continue?
n
1001,11,Zhao,92.5,82.5,96.0,271.0
1005,11,Zhou,88.5,90.0,78.5,257.0
1002,12,Qian,82.5,87.5,93.5,263.5
1004,12,Li,95.8,85.6,74.9,256.3
1003,13,Sun,97.0,84.5,88.5,270.0
```

图 3 - 27　实验十六运行截图

所存储的 student.dat 在 ultraedit 下看到的内容如图 3 - 28 所示,注意到黑色背景下的内容就是学生总数(05),即当前文件下存储了 5 个学生的信息。

```
00000000h: 0C 00 00 00 51 69 61 6E 00 31 00 4C 05 00 00 00 ; ....Qian.1.L...
00000010h: 00 00 A5 42 00 00 AF 42 00 00 BB 42 00 C0 83 43 ; ...畳.篏.纠C
00000020h: E8 24 3E 00 20 25 3E 00 04 00 00 00 20 25 3E 00 ; ?>. %>..... %>.
00000030h: 31 30 30 31 00 05 3E 00 4B 3D 4E 4F 0B 00 00 00 ; 1001..>.K=NO....
00000040h: 5A 68 61 6F 00 45 3D 43 3A 00 48 4F 00 00 B9 42 ; Zhao.E=C:.HO..笄
00000050h: 00 00 A5 42 00 00 C0 42 00 80 87 43 90 25 3E 00 ; ...緊.€嚼?>.
00000060h: 31 30 30 35 00 04 3E 00 6D 20 46 69 6C 00 00 00 ; 1005..>.m Fi...
00000070h: 5A 68 6F 75 00 6C 6F 63 6B 73 5C 4D 00 00 B1 42 ; Zhou.locks\M..盂
00000080h: 00 00 B4 42 00 00 9D 42 00 80 80 43 58 25 3E 00 ; ..岔..渗.€€CX%>.
00000090h: 31 30 30 32 00 04 3E 00 45 4E 4F 56 0C 00 00 00 ; 1002..>.ENOV....
000000a0h: 51 69 61 6E 00 31 00 4C 4F 47 4F 4E 00 00 A5 42 ; Qian.1.LOGON..
000000b0h: 00 00 AF 42 00 00 BB 42 00 C0 83 43 20 25 3E 00 ; ..畳.纠C %>.
000000c0h: 31 30 30 34 00 04 3E 00 73 00 C0 42 00 00 B1 42 ; 1004..s\.N...
000000d0h: 4C 69 00 46 5F 50 52 4F 43 45 53 53 9A 99 BF 42 ; Li.F_PROCESS殭繢
000000e0h: 33 33 AB 42 CD CC 95 42 66 26 80 43 E8 24 3E 00 ; 33獚吞盯f&€C?>.
000000f0h: 31 30 30 33 00 04 3E 00 50 41 54 48 0D 00 00 00 ; 1003..>.PATH....
00000100h: 53 75 6E 00 72 61 6D 20 46 69 6C 65 00 00 C2 42 ; Sun.ram File..翌
00000110h: 00 00 A9 42 00 00 B1 42 00 00 87 43 00 00 00 00 ; ..川..盂..嗷....
```

图 3-28　二进制文件编辑器下看到的所存储的文件

3.17　完整的学籍管理系统

3.17.1　实验目的

本实验是学习完程序设计基础课程后的一次大练兵,希望能用所学的知识和前面积累的程序经验实现一个较为完整的系统,尽量全部使用到函数、数组、指针、结构体和文件。

3.17.2　实验描述

要求程序启动时,从文件中读取以前的信息到内存中,建议用链表实现。然后程序呈现菜单供用户选择,用户可以选择继续输入学生信息,修改某个已经存在的学生信息,删除某个已经存在的学生信息,从所有学生中选择满足条件的学生,存储所有学生信息到文件,对所有学生进行排序,以及退出程序等。

具体要求:

程序启动时,从 student.dat 文件中读取之前存储的学生信息到内存中,创建并存储在链表中,并显示当前的所有学生信息,然后显示如下的菜单选项。

1. input
2. delete

3. select

4. order

5. output

6. save

7. modify

0. quit

please input your option

此后接收用户的输入,根据输入的选项,完成相应的功能。若用户选择 1,则按照姓名,班级,学号,成绩 1,成绩 2,成绩 3 的顺序输入若干学生信息,当系统提示 continue? 时选择 y 继续,选择 n 退出输入;若用户选择 2,则输入要删除的学生的姓名或者学号,执行删除功能;若用户选择 3,则输入要查找的学生的姓名或者学号,执行选择功能,输出所选择的用户信息;若用户选择 4,则对所有学生信息进行排序;若用户选择 5,则输出当前的学生信息;若用户选择 6,则将当前的学生信息存入 student. dat 文件;若用户选择 7,则输入一个完整的学生信息,并根据学号来查找,若找到,则修改相应的学生信息;若用户选择 0,则退出程序。

3.17.3 实验分析

本实验是前面多个实验内容的总汇,因此,可以在前面多个实验的基础上进行开发。实验中的菜单驱动、模块化功能实现、链表数据结构、排序操作、文件存储和读写等,都有现成的模块或者函数可以使用。实验者需要选择合适的数据结构及与之相对应的算法,并谨慎考虑如何在各个模块之间传递数据。本例中按照常规使用了局部链表的数据结构,因此需要考虑哪些函数使用值传递,哪些函数需要使用地址传递,哪些模块需要使用函数返回值来传递数据。

对于稍大型的程序开发,可以考虑增量式的开发方式。所谓增量式开发,就是在确定关键数据结构的前提下,自顶向下逐步实现各个模块。比如,开始可以先编写基于 switch 语句的菜单系统,各个函数都可以先写好简单的函数体,比如直接用 printf 语句打印本函数的功能。然后按照输入、处理、输出的顺序逐步细化和丰富函数体,直至完成所有的功能。这样做的好处是开发显得有条理,同时难度被分解,每小段程序容易完成,也很容易有成就感,也就更能顺利地开发完成完整的程序。

3.17.4　关键点

本实验代码量较大,虽然各个子功能之前都已经实现过,但如何在一个统一的数据结构下协调各个子功能的实现是难点,也是关键。局部变量具有低耦合的特点,因此更适合于本实验。

3.17.5　参考代码

```
# include <stdio.h>
# include <string.h>
# include <malloc.h>
# define LEN sizeof(struct student)
struct student
{
    char id[10];
    char cla[10];
    char name[10];
    float score1;
    float score2;
    float score3;
    float total;
    struct student * next;
}

/ *
功能:在链表中查找是否存在某学号的学生
输入:head:链表头指针
    char id[]:要查找的学号字符串或者名字字符串
输出:NULL:没有找到
    非空指针:指向找到的学生的指针
全局变量:无
* /
```

```
struct student * search(struct student * head,char id[])
{
    struct student * p;
    p = head;
    while(p! = NULL)
    {
        if(strcmp(p - >id,id) = = 0 || strcmp(p - >name,id) = = 0 )
return p;   //因为学号和姓名都是字符串,因此查找用 strcmp 函数
        p = p - >next;
    }
    return NULL;
}


/ *
功能:在链表中查找是否存在某学号的学生以备删除
输入:head:链表头指针
    char id[]:要查找的学号字符串或者名字字符串
输出:NULL:没有找到
    非空指针:指向找到的学生节点的前一个学生节点的指针
全局变量:无
* /
struct student * searchfordel(struct student * head,char id[])
{
    struct student * p,* q; // q 指向前一个学生节点的指针,p 指向当前
                            节点的指针
    p = head;
    q = head;
    while(p! = NULL)
    {
        if(strcmp(p - >id,id) = = 0 || strcmp(p - >name,id) = = 0 )
return q;   //因为学号和姓名都是字符串,因此查找用 strcmp 函数
        q = p;
        p = p - >next;
```

```
        }
    return NULL;
}


/ *
功能:在链表中查找是否存在某学号或者某名字的学生并删除
输入:head:链表头指针
输出:新的 head 指针
全局变量:无
* /
struct student * del(struct student * head,int * pcount)
{
    char wd[20];
    struct student * p, * q;
    printf("Please input the name or id of the student:");
    scanf(" % s",wd);
    if((p = searchfordel(head,wd))! = NULL)
    {
        if (p = = head)  //此时,要删除的是第一个节点,head 直接指向
                        第二个节点
        {
            head = head->next;  //释放第一个节点的空间,并返回新
                                的 head
            free(p);
            ( * pcount)--;  // 学生个数减 1
            return head;
        }
        q = p->next;  //要删除的不是第一个节点,则由于 p 指针是要
                      删除节点的前一个
        p->next = q->next;  //节点,强制 p 指向(p->next)->
                            next,释放删除节点的空间
        free(q);
        ( * pcount)--;  // 学生个数减 1
```

```
        return head;
    }


}
/*
功能:修改某学生的信息
输入:head:链表头指针
输出:无
全局变量:无
注意事项:无
*/
void modify(struct student * head)
{
    struct student stu0, * p, * q;
    char ch;
    p = &stu0;
    while(1)
    {
        scanf("%s",p->name);
        scanf("%s",p->cla);
        scanf("%s",p->id);
        scanf("%f",&p->score1);
        scanf("%f",&p->score2);
        scanf("%f",&p->score3);
        p->total = p->score1 + p->score2 + p->score3;
        p->next = NULL;
        //下面代码在链表中查找新输入的学号是否存在,如存在
        //则直接修改该学号对应的其他信息
        //注意这里简化了修改操作,直接把找到的节点的除了next域
        //之外的其他信息直接修改
        if(q = search(head,p->id))
        {
            p->next = q->next;
```

```
                    * q = * p;
                }
            printf("continue? \n");
            //此处清除键盘缓冲区的内容,消除前面输入对后面 scanf 函数的
              影响
            fflush(stdin);
            scanf("%c",&ch);
            if(ch = = 'Y' || ch = = 'y') continue;
            else break;
        }
}


/ *
功能:根据学号或者姓名查找学生并显示相关信息
输入:head:链表头指针
输出:无
全局变量:无
注意事项:无
* /
void sel(struct student * head)
{
    char wd[20];
    struct student * p, * q;
    printf("Please input the class or id of the student:");
    scanf("%s",wd);
    p = head;
    while(p! = NULL)
    {
        if(strcmp(p - >id,wd) = = 0 || strcmp(p - >cla,wd) = = 0 )
print(p);   //因为学号和姓名都是字符串,因此查找用 strcmp 函数
        p = p - >next;
    }
}
```

```
/ *
功能:使用选择排序法对链表进行排序
输入:head:链表头指针
     count:链表节点个数
输出:无
全局变量:无
注意事项:无
*/
void sort(struct student * head,int count)
{
    struct student temp, * p, * p1, * p2, * p3;
    int i;
    if(count < = 1) return;
    p = head;
    for(i = 0; i<count - 1; i + + ,p = p - >next)
                        //外层循环等于 N - 1 次,count 是链表中节点个数
        {
        p2 = p;  //p2 保存当前节点指针,相当于原选择排序中的 k = i
        p1 = p - >next;    //p1 初值为当前比较节点的下一个节点
        while(p1! = NULL)   //内循环遍历当前节点之后的所有节点
            {
            //根据排序要求测试,并记录最大或者最小的节点的指针到 p2 中
            if((strcmp(p1 - >cla,p2 - >cla)<0) ||(strcmp(p1 - >
cla,p2 - >cla) = = 0 && (p1 - >total>p2 - >total)))   p2 = p1;
            p1 = p1 - >next; //遍历下一个节点
            }
        if(p2! = p) //如果找到的最大或者最小节点就是当前节点,则不
                    交换,否则交换
            {
            temp = * p2; //两个节点的值直接交换,使用 temp 作为临时暂存
            * p2 =  * p;
            * p = temp;
            p3 = p2 - >next; //因为两个节点在链表中,同时需要交换其
```

```
            p2->next = p->next; //这里使用 p3 作为临时暂存
            p->next = p3;
        }
    }
}

int print(struct student * p)
{
printf("%s,%s,%s,%4.1f,%4.1f,%4.1f,%5.1f\n",p->id,p->
cla,p->name,p->score1,p->score2,p->score3,p->total);
    return(0);
}
/*
```

功能:从键盘输入新的学生信息到链表中,输入时会检查学号是否重复;若重复则放弃输入

输入:head:链表头指针

int * pcount:指向链表中节点个数变量的指针

输出:链表头的指针

全局变量:无

注意事项:注意形参有链表头指针,但是在函数中对形参 head 所做的任何修改并不能影响实参,因此需要把最后的链表头指针作为函数返回值

```
*/
struct student * input(struct student * head,int * pcount)
{
    struct student * p;
    char ch;
    while(1)
    {
        p=(struct student * )malloc(LEN);
        scanf("%s",p->name);
        scanf("%s",p->cla);
        scanf("%s",p->id);
        scanf("%f",&p->score1);
```

```
scanf("%f",&p->score2);
scanf("%f",&p->score3);
p->total = p->score1+p->score2+p->score3;
p->next = NULL;
//下面代码在链表中查找新输入的学号是否重复,如重复
//则放弃本次输入,提示用户,进入下一次输入
if(search(head,p->id))
{
    free(p);
    printf("id is duplicated, please re-input!");
    continue;
}
//若链表头指针为空,直接把新输入的节点作为第一个节点,节点个
  数赋值为1
if(head == NULL)
{
    *pcount = 1;
    head = p;
    p->next = NULL;
}
//若链表头指针不为空,则直接把新输入的节点插入链表头,节点个
  数加1
else
{
    p->next = head;
    head = p;
    (*pcount)++;
}
printf("continue? \n");
//此处清除键盘缓冲区的内容,消除前面输入对后面 scanf 函数的
  影响
fflush(stdin);
scanf("%c",&ch);
```

```
            if(ch = = ´Y´ || ch = = ´y´) continue;
            else break;
        }
        return(head);
}
int output(struct student * head)
{
        struct student * p;
        p = head;
        while(p! = NULL)
        {
            print(p);
            p = p − >next;
        }
        return(0);
}
/ *
功能:释放 head 为头指针的链表所占内存
输入:head:链表头指针
输出:无
全局变量:无
注意事项:无
* /
void freelist(struct student * head)
{
        struct student * p, * p1;
        p = head;
        while(p! = NULL)
        {
            p1 = p − >next;
            free(p);
            p = p1;
        }
```

```
}
/ *
```

功能:将 head 为头指针的链表内容存入 student.dat 文件

输入:head:链表头指针

　　　count:链表节点个数

输出:-1:存储失败

　　　0:存储成功

全局变量:无

注意事项:文件第一个结构体内容除了 cla 域之外没有意义,cla 域用来存储学生个数,即节点个数

```
* /
int save_file(struct student * head,int count)
{
    struct student stu0, * p;
    char temp[10];
    FILE * fp;
    int i;
    itoa(count,temp,10);
    strcpy(stu0.cla,temp);   //这里借用 cla 来存储学生总数
    p = head;
    if (p = = NULL)
    {
        return -1;
    }
    if((fp = fopen("student.dat","wb")) = = NULL)
    {
        printf("student.dat file can not be opened!");
        return -1;
    }
    if(fwrite(&stu0,sizeof(struct student),1,fp)! = 1)
    {
        printf("student.dat file can not be written!");
        return -1;
```

```
    }
    //用单循环依次写入所有存储的学生记录
    for(i = 0; i<count; i++)
    {
        if(fwrite(p,sizeof(struct student),1,fp)! = 1)
        {
            printf("student.dat file can not be written!");
            return -1;
        }
        p = p->next;
    }
    fclose(fp);
    return 0;
}
/*
功能:将 student.dat 文件中存储的学生信息读入 head 为头指针的链表中
输入:int * pcount:指向链表节点个数变量的指针
输出:所生成链表的头指针
全局变量:无
注意事项:文件第一个结构体内容除了 cla 域之外没有意义,cla 域用来存储
学生个数,即节点个数
*/
struct student * read_file(int * pcount)
{
    struct student stu0, * p, * p1, * head = NULL;
    FILE * fp;
    int i,readcount = 0;
    if((fp = fopen("student.dat","rb +")) == NULL)
    {
        printf("student.dat file can not be opened!");
        return NULL;
    }
    if(fread(&stu0,sizeof(struct student),1,fp)! = 1)
    {
```

```
        printf("student.dat file can not be read!");
        return NULL;
    }
    * pcount = atoi(stu0.cla);
    for(i = 0; i< * pcount; i++)
    {
        p = (struct student *)malloc(LEN);
        p->next = NULL;
        //若读入出错,则释放当前新申请内存的指针
        //同时修改节点总数变量为目前已经输入的节点个数
        if(fread(p,sizeof(struct student),1,fp)! = 1)
        {
            free(p);
            * pcount = i;
            printf("student.dat file can not be read!");
            return head;
        }
        if(head = = NULL)
        {
            head = p;
            p->next = NULL;
            readcount = 1;
        }
        //若链表头指针不为空,则直接把新输入的节点插入链表头,节点个
          数加 1
        else
        {
            p1 = head;
            p->next = p1;
            head = p;
            readcount++;
        }
    }
    fclose(fp);
```

```c
    if( * pcount ! = readcount) * pcount = readcount;
    return head;
}
void menu()
{
    printf("1. input\n");
    printf("2. delete\n");
    printf("3. select\n");
    printf("4. order\n");
    printf("5. output\n");
    printf("6. save\n");
    printf("7. modify\n");
    printf("0. quit\n");
    printf("please input your option\n");
}
int main()
{
    int choice;
    int count = 0;
    struct student * head = NULL;
    head = read_file(&count); //从文件 student. dat 读入相关学生信息
                              到链表中
    printf("Current students are :\n");
    output(head); //输出当前链表内容
    do
    {
        menu();
        fflush(stdin);
        scanf(" % d",&choice);
        switch (choice)
        {
        case 1:
            head = input(head,&count);
            break;
```

```
        case 2:
            del(head,&count);
            break;
        case 3:
            sel(head);
            break;
        case 4:
            sort(head,count);
            break;
        case 5:
            output(head);
            break;
        case 6:
            save_file(head,count);
            break;
        case 7:
            modify(head);
            break;
        }
    }
    while(choice! = 0);
    freelist(head); //释放链表所占内存空间

    return(0);
}
```

程序界面运行结果如图 3-29 所示。

```
4.order
5.output
6.save
7.modify
0.quit
please input your option
4
1.input
2.delete
3.select
4.order
5.output
6.save
7.modify
0.quit
please input your option
6
1.input
2.delete
3.select
4.order
5.output
6.save
7.modify
0.quit
please input your option
5
1001,11,Zhao,92.5,82.5,96.0,271.0
1005,11,Zhou,88.5,90.0,78.5,257.0
1002,12,Qian,82.5,87.5,93.5,263.5
1004,12,Li,95.8,85.6,74.9,256.3
1003,13,Sun,97.0,84.5,88.5,270.0
1.input
2.delete
3.select
4.order
5.output
6.save
7.modify
0.quit
please input your option
```

图 3-29 实验十七运行截图

附　录

附录 1　ASCII 码表

按顺序分别为 10 进制、8 进制、16 进制和 2 进制的 ASCII 码以及该 ASCII 码表示的符号。

0	000	00	00000000	NUL		24	030	18	00011000	CAN
1	001	01	00000001	SOH		25	031	19	00011001	EM
2	002	02	00000010	STX		26	032	1A	00011010	SUB
3	003	03	00000011	ETX		27	033	1B	00011011	ESC
4	004	04	00000100	EOT		28	034	1C	00011100	FS
5	005	05	00000101	ENQ		29	035	1D	00011101	GS
6	006	06	00000110	ACK		30	036	1E	00011110	RS
7	007	07	00000111	BEL		31	037	1F	00011111	US
8	010	08	00001000	BS		32	040	20	00100000	
9	011	09	00001001	HT		33	041	21	00100001	!
10	012	0A	00001010	LF		34	042	22	00100010	"
11	013	0B	00001011	VT		35	043	23	00100011	#
12	014	0C	00001100	FF		36	044	24	00100100	$
13	015	0D	00001101	CR		37	045	25	00100101	%
14	016	0E	00001110	SO		38	046	26	00100110	&
15	017	0F	00001111	SI		39	047	27	00100111	'
16	020	10	00010000	DLE		40	050	28	00101000	(
17	021	11	00010001	DC1		41	051	29	00101001	)
18	022	12	00010010	DC2		42	052	2A	00101010	*
19	023	13	00010011	DC3		43	053	2B	00101011	+
20	024	14	00010100	DC4		44	054	2C	00101100	,
21	025	15	00010101	NAK		45	055	2D	00101101	-
22	026	16	00010110	SYN		46	056	2E	00101110	.
23	027	17	00010111	ETB		47	057	2F	00101111	/

48	060	30	00110000	0
49	061	31	00110001	1
50	062	32	00110010	2
51	063	33	00110011	3
52	064	34	00110100	4
53	065	35	00110101	5
54	066	36	00110110	6
55	067	37	00110111	7
56	070	38	00111000	8
57	071	39	00111001	9
58	072	3A	00111010	:
59	073	3B	00111011	;
60	074	3C	00111100	<
61	075	3D	00111101	=
62	076	3E	00111110	>
63	077	3F	00111111	?
64	100	40	01000000	@
65	101	41	01000001	A
66	102	42	01000010	B
67	103	43	01000011	C
68	104	44	01000100	D
69	105	45	01000101	E
70	106	46	01000110	F
71	107	47	01000111	G
72	110	48	01001000	H
73	111	49	01001001	I
74	112	4A	01001010	J
75	113	4B	01001011	K
76	114	4C	01001100	L
77	115	4D	01001101	M
78	116	4E	01001110	N
79	117	4F	01001111	O
80	120	50	01010000	P
81	121	51	01010001	Q
82	122	52	01010010	R
83	123	53	01010011	S
84	124	54	01010100	T
85	125	55	01010101	U
86	126	56	01010110	V
87	127	57	01010111	W
88	130	58	01011000	X
89	131	59	01011001	Y
90	132	5A	01011010	Z
91	133	5B	01011011	[
92	134	5C	01011100	\
93	135	5D	01011101	]
94	136	5E	01011110	^
95	137	5F	01011111	_
96	140	60	01100000	`
97	141	61	01100001	a
98	142	62	01100010	b
99	143	63	01100011	c
100	144	64	01100100	d
101	145	65	01100101	e
102	146	66	01100110	f
103	147	67	01100111	g
104	150	68	01101000	h
105	151	69	01101001	i
106	152	6A	01101010	j
107	153	6B	01101011	k
108	154	6C	01101100	l
109	155	6D	01101101	m
110	156	6E	01101110	n
111	157	6F	01101111	o
112	160	70	01110000	p
113	161	71	01110001	q
114	162	72	01110010	r
115	163	73	01110011	s
116	164	74	01110100	t
117	165	75	01110101	u

118	166	76	01110110	v
119	167	77	01110111	w
120	170	78	01111000	x
121	171	79	01111001	y
122	172	7A	01111010	z
123	173	7B	01111011	{
124	174	7C	01111100	|
125	175	7D	01111101	}
126	176	7E	01111110	~
127	177	7F	01111111	
128	200	80	10000000	€
129	201	81	10000001	
130	202	82	10000010	‚
131	203	83	10000011	ƒ
132	204	84	10000100	„
133	205	85	10000101	…
134	206	86	10000110	†
135	207	87	10000111	‡
136	210	88	10001000	ˆ
137	211	89	10001001	‰
138	212	8A	10001010	Š
139	213	8B	10001011	‹
140	214	8C	10001100	Œ
141	215	8D	10001101	
142	216	8E	10001110	Ž
143	217	8F	10001111	
144	220	90	10010000	
145	221	91	10010001	'
146	222	92	10010010	'
147	223	93	10010011	"
148	224	94	10010100	"
149	225	95	10010101	•
150	226	96	10010110	–
151	227	97	10010111	—
152	230	98	10011000	˜

153	231	99	10011001	™
154	232	9A	10011010	š
155	233	9B	10011011	›
156	234	9C	10011100	œ
157	235	9D	10011101	
158	236	9E	10011110	ž
159	237	9F	10011111	Ÿ
160	240	A0	10100000	
161	241	A1	10100001	¡
162	242	A2	10100010	¢
163	243	A3	10100011	£
164	244	A4	10100100	¤
165	245	A5	10100101	¥
166	246	A6	10100110	¦
167	247	A7	10100111	§
168	250	A8	10101000	¨
169	251	A9	10101001	©
170	252	AA	10101010	ª
171	253	AB	10101011	«
172	254	AC	10101100	¬
173	255	AD	10101101	
174	256	AE	10101110	®
175	257	AF	10101111	¯
176	260	B0	10110000	°
177	261	B1	10110001	±
178	262	B2	10110010	²
179	263	B3	10110011	³
180	264	B4	10110100	´
181	265	B5	10110101	µ
182	266	B6	10110110	¶
183	267	B7	10110111	·
184	270	B8	10111000	¸
185	271	B9	10111001	¹
186	272	BA	10111010	º
187	273	BB	10111011	»

188	274	BC	10111100	¼
189	275	BD	10111101	½
190	276	BE	10111110	¾
191	277	BF	10111111	¿
192	300	C0	11000000	À
193	301	C1	11000001	Á
194	302	C2	11000010	Â
195	303	C3	11000011	Ã
196	304	C4	11000100	Ä
197	305	C5	11000101	Å
198	306	C6	11000110	Æ
199	307	C7	11000111	Ç
200	310	C8	11001000	È
201	311	C9	11001001	É
202	312	CA	11001010	Ê
203	313	CB	11001011	Ë
204	314	CC	11001100	Ì
205	315	CD	11001101	Í
206	316	CE	11001110	Î
207	317	CF	11001111	Ï
208	320	D0	11010000	Ð
209	321	D1	11010001	Ñ
210	322	D2	11010010	Ò
211	323	D3	11010011	Ó
212	324	D4	11010100	Ô
213	325	D5	11010101	Õ
214	326	D6	11010110	Ö
215	327	D7	11010111	×
216	330	D8	11011000	Ø
217	331	D9	11011001	Ù
218	332	DA	11011010	Ú
219	333	DB	11011011	Û
220	334	DC	11011100	Ü
221	335	DD	11011101	Ý
222	336	DE	11011110	Þ
223	337	DF	11011111	ß
224	340	E0	11100000	à
225	341	E1	11100001	á
226	342	E2	11100010	â
227	343	E3	11100011	ã
228	344	E4	11100100	ä
229	345	E5	11100101	å
230	346	E6	11100110	æ
231	347	E7	11100111	ç
232	350	E8	11101000	è
233	351	E9	11101001	é
234	352	EA	11101010	ê
235	353	EB	11101011	ë
236	354	EC	11101100	ì
237	355	ED	11101101	í
238	356	EE	11101110	î
239	357	EF	11101111	ï
240	360	F0	11110000	ð
241	361	F1	11110001	ñ
242	362	F2	11110010	ò
243	363	F3	11110011	ó
244	364	F4	11110100	ô
245	365	F5	11110101	õ
246	366	F6	11110110	ö
247	367	F7	11110111	÷
248	370	F8	11111000	ø
249	371	F9	11111001	ù
250	372	FA	11111010	ú
251	373	FB	11111011	û
252	374	FC	11111100	ü
253	375	FD	11111101	ý
254	376	FE	11111110	þ
255	377	FF	11111111	ÿ

附

录

附录 2　Visual C++ 6.0 中常用热键

热键	功能说明
Ctrl＋W	调用 ClassWizard
Ctrl＋Z/Ctrl＋Y	Undo/Redo
Ctrl＋S	保存
Ctrl＋D	查找
Ctrl＋F	查找
Ctrl＋H	替换
Ctrl＋}	匹配括号（），{}
Ctrl＋B 或者 Alt＋F9	设置断点
调试常用	功能说明
Shift＋F9	QuickWatch 显示光标所在处的变量值
Alt＋3	Watch
Alt＋4	Variables
Alt＋5	显示寄存器
Alt＋6	显示内存
Alt＋7	显示堆栈情况
Alt＋8	显示汇编代码
F 类快捷键	功能说明
F1	显示帮助,如果光标停在代码的某个字符上,显示 MSDN 中相应的帮助内容(需要安装 MSDN 才能使用)
F3	查找后一个
Shift＋F3	查找前一个
F5	编译并调试执行
Ctrl＋F5	编译并运行
Shift＋F5	停止调试
Ctrl＋Shift＋F5	重启调试(重新在调试下运行)
F6	切换窗口
F7	编译

热键	功能说明
Ctrl＋F7	编译当前文件
Alt＋F7	工程设置对话框
F8	选择的粘滞键
Alt＋F8	选中的代码书写格式对齐
F9	设置断点
Alt＋F9	显示编辑断点的对话框
Ctrl＋F9	断点设置为无效
F10	单步执行,函数调用一步就执行完成
Ctrl＋F10	执行到光标所在行
F11	单步执行,函数调用会进入函数内部调试
Shift＋F11	跳到上一层调用栈
F12	跳到函数定义

附

录

附录3 Visual C++ 6.0中常见编译和连接错误信息说明

1. fatal error C1010：unexpected end of file while looking for precompiled header directive。

直译为寻找预编译头文件路径时遇到了不该遇到的文件尾，常见原因是没有 #include "stdafx. h"。

2. fatal error C1083：Cannot open include file：'xxxx. h'：No such file or directory

不能打开包含文件"xxxx. h"：查看是否存在这个头文件，并确保该头文件在 Visual C++的头文件搜索目录中。

3. error C2086：'xxxx'：redefinition

直译是"xxxx"重复声明，通常是变量"xxxx"在同一作用域中定义了多次。

4. error C2018：unknown character 'x'

遇到了不认识的字符 x，常见原因是输入了全角的标点符号，比如分号和小括号。此时需要切换到英文输入方法下，再次输入相关的符号。

5. error C2057：expected constant expression

希望是常量表达式，常出现在 switch 语句的 case 分支中，因为 case 关键字后面需要跟一个常量。

6. error C2065：'xxxx'：undeclared identifier

"xxxx"：未声明过的标识符。标识符是程序中出现的除关键字之外的词，通常由字母、数字和下划线组成，不能以数字开头，不能与关键字重复，并且区分大小写。变量名、函数名、常量名都是标识符，且所有的标识符都必须先定义，后使用。如果"xxxx"是一个变量名，则需要检查这个变量是否定义过；如果"xxxx"是一个函数名，则需要检查一下该函数名是否没有定义；如果"xxxx"是一个库函数名字，例如"sqrt"，"pow"，则需要检查是否包含了这些库函数所在的头文件。

7. error C2146：syntax error：missing ';' before identifier 'xxxx'

语法错误：在"xxxx"前缺少";"，这个错误非常常见，建议看见这个错误时，首先排版(Ctr+A 然后 ALT+F8)，然后看看是否大括号没有配对。

8. error C2660：'xxxx'：function does not take 2 parameters

"xxxx"函数不是 2 个形式参数，检查函数定义和函数调用，看看形参个数和实参个数是否匹配。

9. warning C4035：'xxxx'：no return value

xxxx 函数没有返回值。

10. error C4716：'xxxx'：must return a value

"xxxx"函数必须返回一个值,通常情况下,这里的 xxxx 函数定义时,返回值类型不是 void。

11. LINK ：fatal error LNK1168：cannot open Debug/xxxx. exe for writing

常见连接错误:直译为不能打开 xxxx. exe 文件,常见原因是 xxxx. exe 还在运行,因此新编译出的.exe 文件不能覆盖旧的文件。解决办法:关闭 xxxx. exe 的运行。

12. error LNK2001：unresolved external symbol "xxxx"

常见连接错误,符号 xxxx(通常是一个函数)在库文件和本源文件中都没有找到,常见于缺少 lib 文件。

13. error LNK2005：_main already defined in xxxx. obj

直译为_main 函数已经存在于 xxxx. obj 中了,通常是因为该项目中有多个 main 函数。碰到此问题时,大家很多时候都很疑惑,明明只定义了一个 main 函数,怎么会出现这个问题呢? 其实是因为你的项目 project 中包含了多个源代码,而至少两个源代码中都定义了 main 函数。事实上,在创建项目时,可以有多个方法。如果是通过创建 C 源文件的方式来创建项目,就容易出现这个问题。如果当前有一个当前项目,而你又创建了一个 C 源文件,则这个 C 源文件默认为当前项目的一个部分,此时如果这个 C 源文件中有 main 函数,则与当前项目中的 main 函数就冲突了。避免这个错误的方法是:①创建工程时,用 new 一个 project 的方式;②关闭当前项目,然后用创建一个 C 源文件的方式来创建一个项目。

参考文献

［1］谭浩强. C 程序设计(第四版)［M］.北京:清华大学出版社,2011

［2］Brian W. Kernighan，Dennis M. Ritchie. The C Programming Language (Second Edition)［M］.北京:机械工业出版社,2007

［3］谭浩强. 程序设计(第四版)学习辅导［M］.北京:清华大学出版社,2010

［4］苏小红,车万翔,王甜甜. C 语言程序设计学习指导［M］. 北京:高等教育出版社,2011